JN234528

戸川 隼人・中嶋 正之・杉原 厚吉・野寺 隆志／編
インターネット時代の**数学**シリーズ **5**

マルチメディア情報圧縮

藤原　洋／編

共立出版株式会社

編集委員：

戸川　隼人　日本大学

中嶋　正之　東京工業大学

杉原　厚吉　東京大学

野寺　隆志　慶應義塾大学

Ⓡ ＜日本複写権センター委託出版物・特別扱い＞
本書の無断複写は，著作権法上での例外を除き禁じられています．本書は，日本複写権センターへの特別委託出版物です．本書を複写される場合は，すでに日本複写権センターと包括契約をされている方も，そのつど事前に日本複写権センター（電話03-3401-2382）を通して当社の許諾を得てください．

インターネット時代の**数学**シリーズ

刊行にあたって

　コンピュータおよびそのアプリケーションソフトの急速な進歩の影響を受けて，数学に対する印象はずいぶん変わりました．以前の数学には「結構なものらしいが非常にむずかしく，修行を積まないと使いこなすことはできず，普通の人には近寄り難いもの」というイメージがありましたが，今では違います．使いやすい便利なソフトが続々と出現して，誰にでも手軽に使える身近な存在になりました．

　同時に，数学それ自体も変わりました．一言でいえば，高度化しました．以前は「むずかしい数学は専門家がもてあそぶもので，一般の生活には関係ない」というのが常識でしたが，最近はむずかしい数学が遠慮なく身近なところに現れてきています．たとえば，ホームページに写真を貼り付けようとすれば，すぐに画像圧縮が必要になり，離散コサイン変換の話が出てきます．ビジネスの世界でも，エレクトロニックコマースの実現にはまず暗号化が必要で，むずかしい整数論の話になります．感性で仕事をしているデザイナの人達にも，フラクタル，ベジエ，スプライン，**NURBS**などの知識が不可欠になってきました．

　これだけ世の中が変わったのですから，数学の教育も変わらなければいけません．数式処理ソフトを使えば，式の展開，因数分解，微分積分などの計算は即座にできてしまうので，そういう計算を手でやるための練習に時間を使うよりも，数式処理ソフトを活用して，もっと「その先」を学ぶべきでしょう．コンピュータグラフィクスをうまく使えば，立体幾何学がよく分かり，これまでより深く豊富な内容を理解できるはずです．

　このような趣旨で，**1997**年秋に**bit**誌の別冊として『インターネット時代

の数学』を編集・刊行したところ,たいへん大きな反響がありました.多くの方々から,これをさらに充実させて単行本にしてほしいという要望をいただきましたので,再度,編集委員会で相談し,このたび書籍のシリーズとして刊行することにいたしました.

シリーズの構成は,別冊時の精神を踏襲し,
① 代表的な数学ツールの紹介と基本的な使い方
② 新しい時代に不可欠な基礎数学
③ コンピュータ応用のための最新数学テクニック

の三点を考慮して,あらためて全 **10** 巻のテーマを選定しています.各著者には **bit** 別冊時の執筆者の皆様を中心にお願いし,それぞれ最新の情報を付け加えていただいたり,当時書き足りなかった部分などを大幅に加筆してくださるようお願いしました.また別冊では扱わなかったテーマもいくつか追加し,これらについてもすばらしい著者に執筆をお願いすることができました.

本シリーズが,新しい時代・新しい世紀における数学の位置づけに対し,一つの道標となることを願っております.

編集委員一同

まえがき

　インターネットは，1960年代にアメリカで発明されたパケット交換（データの先頭に宛先アドレスと送元アドレスを付加した蓄積交換）の原理に基づいて構築されたARPANET（Advanced Research Project Agency [国防総省の高等研究計画局] のネットワーク）を起源として，世界中のコンピュータを接続したネットワークへと発展した．

　また，映像・音声を効率的に蓄積・伝送するための情報圧縮技術は，同じく1960年代に発明された高速フーリエ変換を起源とするディジタル信号処理理論に基づき，ディジタル放送やDVDなどのディジタル蓄積メディアの基盤技術となっている．

　このように全く異なる起源をもつ2つの技術が，今日，融合しようとしている．これは，単にインターネット上を流れる情報が，コンピュータだけが理解できるデータの羅列に留まらず，人間の感性に訴える表現力の豊富なマルチメディア情報になってきていることを意味している．この結果，アナログ時代には，従来の電話網と放送網でやりとりされていた音声と映像とが，ディジタル化されるだけでなく，コンピュータのネットワークに統合されていく方向に向かっている．そして，現在も，急成長を続けるインターネットにおいて，従来の電話機能がVoIP（Voice over Internet Protocol）として，テレビ電話がVideo over IPとして，またテレビ放送が，Web上の動画コンテンツとして提供されるまでに発展している．

　このような背景のもとに，本書では，「インターネット時代の数学」シリーズの一巻として，マルチメディア情報圧縮技術を取り上げ，その数学的基礎と標準化動向について解説する．構成としては，Part 1 画像・音声情報圧縮の数学的基礎と基本原理，Part 2 画像圧縮標準に用いられる数学的手法，およびPart 3 音声圧縮標準に用いられる数学的手法の3部構成となっており，圧縮技術の概念を述べた後，アルゴリズムの原理的解説に重点を置いている．

本書が，21世紀へ向かうインターネット時代のコンピュータサイエンスに関わる大学生，大学院生，研究者，技術者にとって，表現力多彩なマルチメディアの世界を拓くきっかけとなることを望んでいる．

2000年2月 　　　　　　　　　　　　　　　　　　　　藤原　洋

目　　次

Part 1　画像・音声情報圧縮の数学的基礎と基本原理 　　1
  1.1　インターネットと画像・音声情報圧縮 2
    1.1.1　帯域保証とベストエフォート・ネットワーク 2
    1.1.2　インターネットの特性と情報圧縮 3
  1.2　画像・音声情報圧縮に共通の基本原理 6
    1.2.1　情報圧縮の基本的な考え方 6
    1.2.2　量子化 8
    1.2.3　変換符号化 11
    1.2.4　予測符号化 25
    1.2.5　ベクトル量子化 26
    1.2.6　サブバンド符号化 27
    1.2.7　動き補償 28
    1.2.8　エントロピー符号化 29
  1.3　データ圧縮の基礎 31
    1.3.1　データ圧縮の基本原理 32
    1.3.2　Huffman 符号化 32
    1.3.3　LZ(Lempel-Ziv) 方式 32
    1.3.4　データ圧縮の応用分野 35

Part 2 画像圧縮標準に用いられる数学的手法　37
- 2.1 ITU-T H.261 と H.263 37
- 2.2 JPEG 45
- 2.3 MPEG 1 51
- 2.4 MPEG 2 54
- 2.5 MPEG 4 61

Part 3 音声圧縮標準に用いられる数学的手法　67
- 3.1 ITU-T の音声符号化方式の勧告 67
  - 3.1.1 概略 67
  - 3.1.2 G.711 対数圧伸 PCM 68
  - 3.1.3 G.726 適応 DPCM 符号化 69
  - 3.1.4 G.727 エンベデッド ADPCM 符号化 70
  - 3.1.5 G.722 64 kbit/s 以下の 7 kHz オーディオ符号化 71
  - 3.1.6 G.722.1 24 および 32 kbit/s 7 kHz オーディオ符号化 71
  - 3.1.7 G.723.1 マルチメディア通信デュアルレート音声符号化 . 74
  - 3.1.8 G.728 LD-CELP 符号化 74
  - 3.1.9 G.729 CS-ACELP 84
- 3.2 MPEG 1 オーディオから MPEG 2 オーディオへ 97
  - 3.2.1 MPEG 1 および MPEG 2 の概要 97
  - 3.2.2 MPEG オーディオアルゴリズムの構成と要素技術 98
  - 3.2.3 MPEG 1 アルゴリズム [1] 104
  - 3.2.4 MPEG 2/BC アルゴリズム [2, 3] 111
  - 3.2.5 MPEG 2/AAC アルゴリズム [4] 112
  - 3.2.6 MPEG 1 および MPEG 2 の主観音質評価 114
- 3.3 AC-3 から AAC へ 117
  - 3.3.1 変換符号化方式と MDCT 118
  - 3.3.2 予測器 123
  - 3.3.3 TNS 125
- 3.4 MPEG 4 オーディオ 127
  - 3.4.1 機能と用途 127
  - 3.4.2 プロファイル 127

 3.4.3 音声符号化アルゴリズム 129
 3.4.4 音響符号化アルゴリズム 131
 3.4.5 情報圧縮の基本原理 133
 3.4.6 むすび 142

索　引　　　　　　　　　　　　　　　　　　　　143

Part 1

画像・音声情報圧縮の数学的基礎と基本原理

　画像・音声情報は，TVカメラやマイクロフォンなどのセンサを介して，アナログ情報として取り込まれる．これらの情報をネットワークを介して一括して送ろうという試みは，1952年のベル研の研究 "Picture Phone" が起源であるとされている．その後，1950年代から60年代の初めにかけて世界中の研究機関で研究されたが，当時のアプローチはアナログ信号のまま帯域圧縮を行おうという試みであった．しかし，高周波成分と低周波成分の両方に重要な信号成分が分散されていたために，どうしても十分な特性が得られなかった．
　この限界を打破したのが，1960年代半ばから70年代半ばにかけて急速に発展したディジタル信号処理理論である．これは，アナログ信号をA/D変換して時間領域と周波数領域に分けて処理するもので，複雑な振舞いをする画像・音声情報の扱いを簡素化し，情報に含まれる冗長成分除去へ向けて，大きな前進をもたらした．その結果，回線交換網を主とする通信ネットワークを介したTV会議システムや放送ネットワークを介したディジタル放送が現実のものとなった．
　インターネットは，世界中のコンピュータを相互接続したネットワークのネットワークであるが，回線交換に代わる技術として1960年代に発明されたパケット交換を原理として，1970年代の半ばに開発されたTCP/IP(Transmission Control Protocol/Internet Protocol)が，基本となっている．しかしこれは，回線交換と異なり，コネクションレスの通信方式であることから，1980年代から90年代前半にかけて画像・音声情報には不向きであるとされてきた．とこ

ろが，インターネットの急速な普及，インターネット利用技術と情報圧縮技術の発展によって，90年代後半からインターネットを介した画像・音声情報の通信が，にわかに現実味を帯びてきた．

1.1 インターネットと画像・音声情報圧縮

インターネットは，前にも述べたようにコネクションレスのStrored/Forward（蓄積交換）型のネットワークである．したがって，経路制御ノードで予測困難な遅延が発生し，リアルタイムで連続発生する画像・音声信号の通信には困難が生ずる．この本質的に内在するネットワーク特性を把握することが必要である．

1.1.1 帯域保証とベストエフォート・ネットワーク

伝送帯域が，エンド・エンドで保証されたネットワークを帯域保証ネットワーク (Guaranteed Network) と呼ぶ（図1.1参照）．典型例は，ISDNに代表される回線交換網である．また，ATM(Asynchronous Transfer Mode) もシグナリング・プロトコルを適切に利用することで，同等の機能を実現することができる．

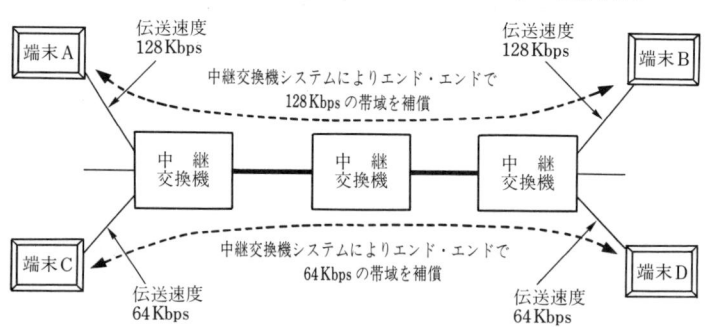

図 1.1 帯域保証ネットワーク

これに対して，ベストエフォート・ネットワーク (Best Effort Network) は，インターネットの基本となるIP(Internet Protocol) パケットをバケツリレー式に転送するもので，自由な利用方法を用いれば，トラフィックの混雑状況によっては経路制御ノードで予期せぬ遅延が発生し，ネットワークの振舞い

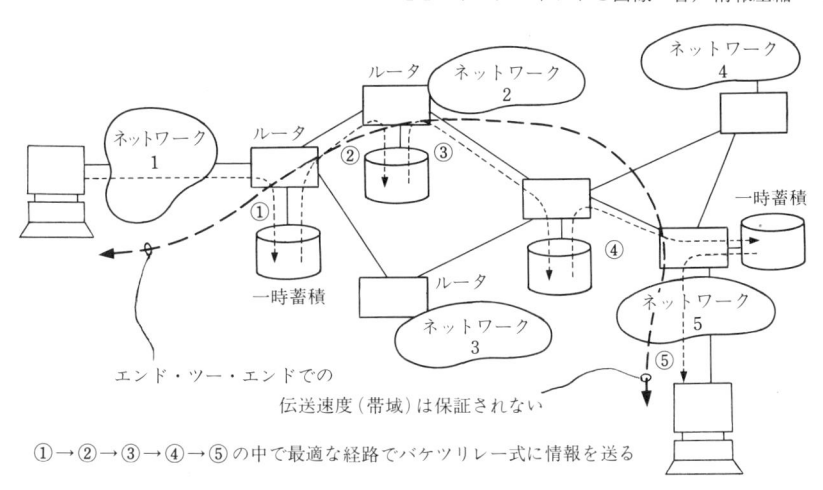

図 1.2 ベストエフォート・ネットワーク

の予測が困難である（図 1.2 参照）．

以上 2 つのネットワークモデルの中で，インターネットは後者のベストエフォート・ネットワークである．このモデルは表 1.1 に示すように，効率的でデータ通信に最適な構造となっており，本書の対象となっている画像・音声通信には基本的には不向きである．しかし，多くの長所があるため，新たなネットワークとしてベストエフォート・ネットワークモデルが，積極的に用いられるようになってきている．

表 1.1 2 つのネットワークの比較

比較項目	ベストエフォート	帯域保証
交換方式	パケット交換	回線交換，ATM 交換
パケットロス	あり得る	回線交換　：なし ATM 交換：あり得る
交換装置	ルータ	交換機
ネットワークコスト比 (大規模システム)	1	10～100
適したサービス	インターネット	音声，動画像

1.1.2 インターネットの特性と情報圧縮

インターネットのネットワーク特性は，ベストエフォート・ネットワークモデルに依っている．ここで，図 1.2 の経路制御ノードで発生する遅延時間

の蓄積が，エンド・エンドでの画像・音声情報の送受信に影響するかどうかがポイントとなる．また，リアルタイムでの画像・音声情報の発生速度と伝送時間（ネットワークの伝送速度）との総合的関係で支障なく通信可能かどうかが決まる．この様子を図1.3に示す．

このように，インターネットは有限の伝送速度と遅延時間とで制約されるベストエフォート・ネットワークモデルに従っており，リアルタイムで発生する画像・音声情報通信にとって「情報圧縮」の果たす役割は，全体伝送時間を制約時間内に収めることであることがわかる．

以上に述べた画像・音声情報の発生速度と伝送時間を，インターネットで一般的に用いられるネットワーク伝送速度と画像・音声情報の伝送速度との関係を表1.2に示す．ここで重要なのは，ネットワーク特性から制約を受ける画像・音声情報の伝送速度によって伝送可能な品質に制約が発生することである．これをQoS（Quality of Service, サービス品質）と呼んでいる．QoSは，インターネットのように制約を受けるネットワークモデルにおいて非常に重要な概念であることを改めて強調しておきたい．

表1.2 ネットワーク伝送速度と画像・音声情報の伝送速度との関係

	品質	信号帯域 (kHz)	サンプリング周波数 (kHz)	間引き後ビット・レート (bps)	圧縮後ビット・レート (bps)
オーディオ	電話音声	3.4	8	64k	8.5k
	AM放送	7	16	130k	24k
	FM放送	7(ステレオ) または14(モノラル) 10(ステレオ) または20(モノラル)	16または32 22.05または44.1	510k 700k	56k 64k
	音楽CD	20(ステレオ)	44.1	1.4M	112k〜224k
	品質	空間解像度 (縦×横)	フレーム・レート/秒	間引き後ビット・レート (bps)	圧縮後ビット・レート (bps)
ビデオ	ビデオ・クリップ	80×60	1 3 10	55k 165k 550k	1.8〜2.8k 6〜9k 18〜28k
	1/4画面	160×120	3 10 30	1.1M 2.2M 6.7M	20〜33k 70〜110k 220〜335k
	VTR (VHS)	360×240	10 30	10M 30M	330〜500k 1〜1.5M
	テレビ放送	720×480	30	120M	4〜6M

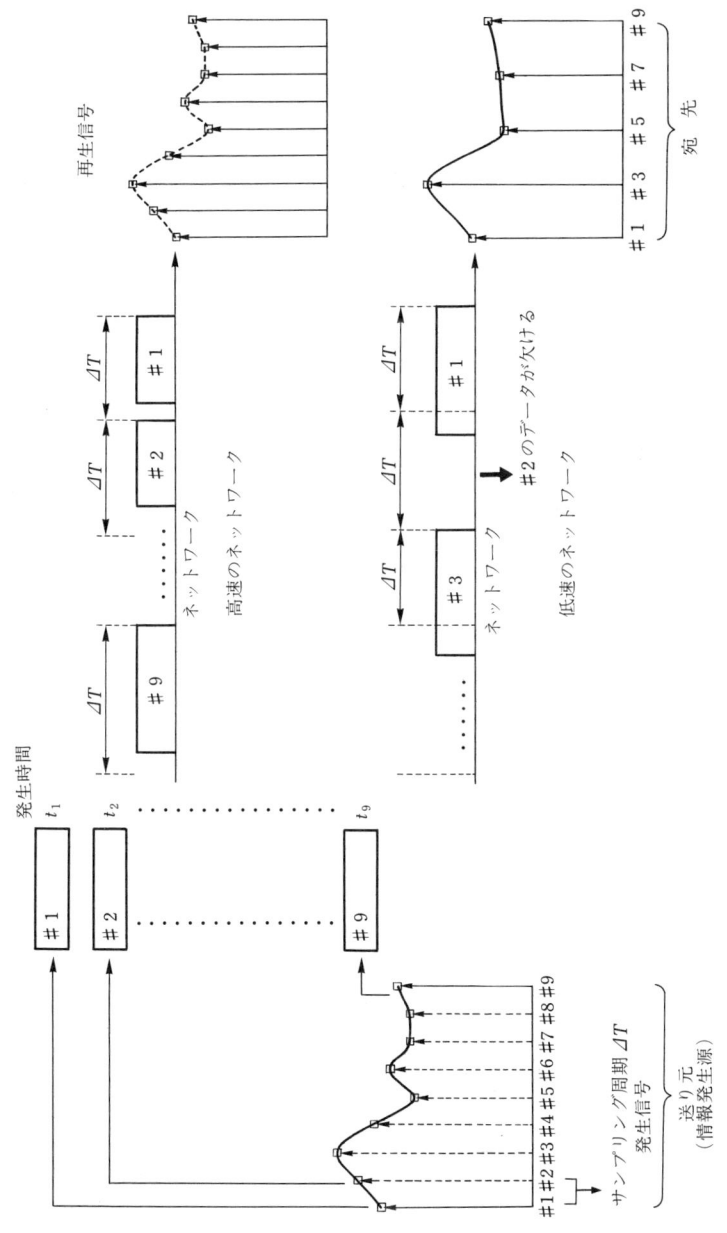

1.1 インターネットと画像・音声情報圧縮 5

図1.3 画像・音声情報の発生速度と伝送時間

1.2 画像・音声情報圧縮に共通の基本原理

画像・音声情報は，リアルタイムで時々刻々発生するため時間相関がある．また，音声情報は，人間の聴覚特性から近傍の周波数相関がある．さらに画像情報は，近傍画素との相関，すなわち空間相関があるが，この空間相関は，ある種の数学的変換操作を行うことによって等価的に周波数相関がある．一方，全く別の視点として時間相関や周波数相関に基づく符号化を行った場合，個々の符号には発生確率による偏りが生ずる．この発生確率の差を符号長に置換することによって全体的な符号量を圧縮することができる．この考え方をエントロピー符号化と呼んでいる．これらのことから画像・音声情報の圧縮には，以下に述べるように時間相関符号化，周波数相関符号化，およびエントロピー符号化によって実現することができる．

1.2.1 情報圧縮の基本的な考え方

情報圧縮の基本的な考え方を理解するために情報圧縮処理の基本モデルを図 1.4 に示す．

本図にあるように，まず信号に帯域通過フィルタ（通常は低域通過フィルタ）による入力信号制限処理を行う．これは通常，音声信号の場合は，周波数成分のカットに相当する．人間の可聴周波数領域は約 20 kHz であるが，音響信号の場合は最大限のほぼ 20 kHz（CD 品質），また，電話音声の場合は 3.4 kHz を信号入力とする．次に，適切な周期でのサンプリング処理を行う．電話信号の場合は 8 kHz でサンプリングし，各サンプルデータを 8 ビット・データとするため 64 kbps が音声通信の基本となっている．また，CD 品質の音響信号では 44.1 kHz でサンプリングし，各サンプルデータを 16 ビットでステレオ記録するため，$16 \times 44.1\,\text{kHz} \times 2 = 1.4112$ Mbps の伝送速度となる．さらに，標準解像度の TV 信号では 13.5 MHz でサンプリングし，6 MHz の TV 信号帯域に対応するようになっている．これは，ディジタル信号処理の基本となるシャノンの定理（原信号周期の 1/2 以下の周期でサンプリングした信号は，完全に復元することが可能である）に基づいている．

特に，動画像信号の場合は，インターネットで使用する通信回線の伝送速度に見合う情報量に制限するため 30 フレーム/秒のフレームから駒落し処理を行う．これも入力信号制限処理の一種である．これらの一連の入力信号制

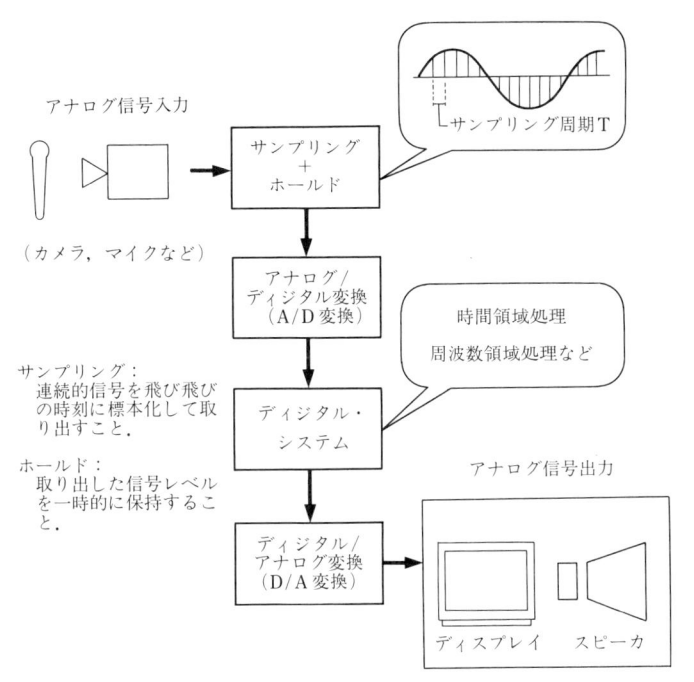

図 1.4 情報圧縮処理の基本モデル

限処理は，1.1 節で述べた QoS に直接関わる部分である．

次に，入力信号制限処理を終えた後，情報圧縮処理を行う．情報圧縮処理には，量子化（各サンプルデータを表現する精度を粗くしたり細かくしたりする），時間相関符号化（過去のデータとの差分値を用いる），周波数相関符号化（近傍の周波数値を用いる），およびエントロピー符号化（符号化データの発生確率の偏りに準拠した可変長符号を用いる）を組み合わせた処理を行う．

図 1.5 に代表的な動画像圧縮処理であるハイブリッド符号化の処理モデルを示す．

図 1.5 のモデルでは，時間相関符号化には，動き補償 (Motion Compensation) が，また周波数相関符号化には，DCT（Discrete Cosine Transform，離散コサイン変換）が，さらにエントロピー符号化では，各 DCT 係数と動きベクトルデータに対する可変長符号化が用いられる．図 1.6 に動き補償の原理を示すが，これは 1 画面を通常固定サイズの画素ブロック（例えば 16×16）に分割

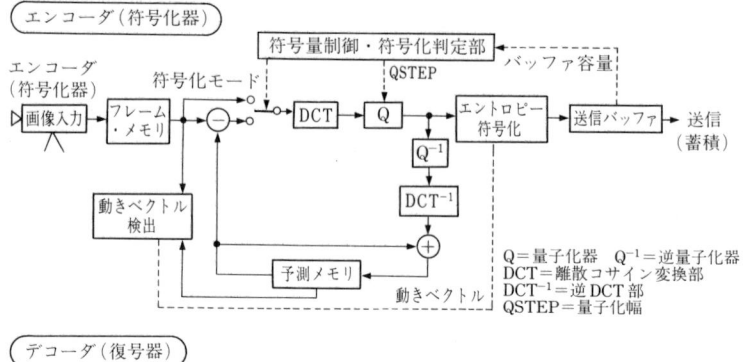

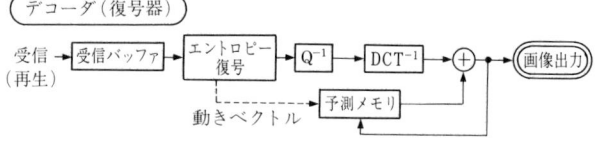

図 1.5　ハイブリッド動画像情報圧縮処理モデル

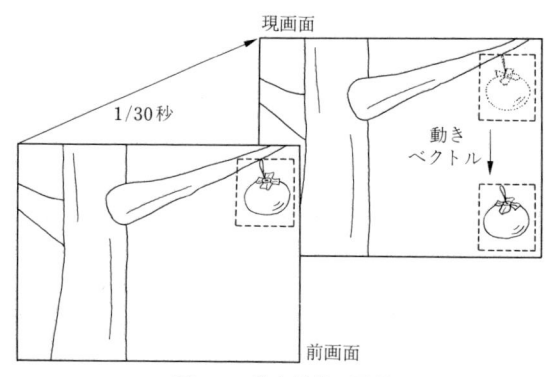

図 1.6　動き補償の原理

し，対象となる正方ブロックに相当する前画面での近傍探索領域内での画素ブロック探索を行い，検出された同一ブロックからの平面移動量（X 座標と Y 座標）を動きベクトルとして表現するものである．

以下に，個々の量子化，周波数相関符号化について詳細に述べることとする．

1.2.2　量子化

量子化とは，図 1.7 に示すように入力信号を有限長のディジタル値に変換することである．量子化後のデータには，実際の入力値と量子化値との間に

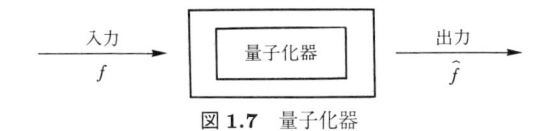

1.2 画像・音声情報圧縮に共通の基本原理

図 1.7 量子化器

量子化誤差が発生する．この誤差を許容範囲に収めることが量子化器設計のポイントとなる．

量子化器には，量子化を全領域にわたって一様に行う一様量子化器と，そうでない非一様量子化器とに分類される．一様量子化器には，図 1.8 に示すようにミッドトレッダ型とミッドライザ型とに分類される．

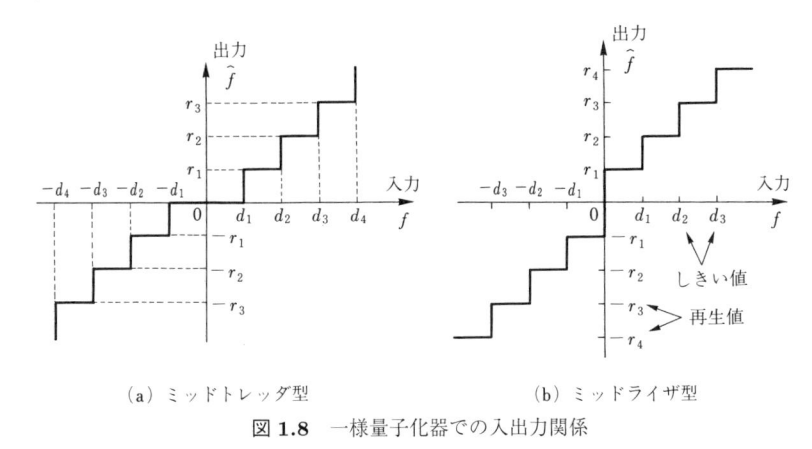

(a) ミッドトレッダ型　　(b) ミッドライザ型

図 1.8　一様量子化器での入出力関係

また，図 1.9 に示すように，入力に対して出力が 0 である範囲をデッドゾーンと呼んでいるが，この範囲を除けばステップサイズは一様である．このような量子化器は，一様量子化器でも特に準一様量子化器と呼ばれる．これは，Part2 で述べる ITU-T H.261，H.263，および MPEG 1，MPEG 2 などで用いられている．

量子化器設計における設計手法としてまず重要なのは，量子化誤差を抑えることである．これには，主として式 (1.1) から (1.4) に示す 4 つの誤差表現が用いられている．

① 平均二乗量子化誤差（MSQE：Mean Square Quantization Error）

$$E\left[(f - \hat{f})^2\right] = \int_{a_L}^{a_U} (f - \hat{f})^2 \, p(f) df \tag{1.1}$$

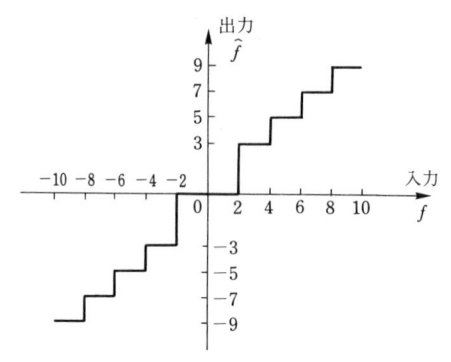

図 1.9 準一様量子化器での入出力関係

② 平均絶対値量子化誤差（MAQE：Mean Absolute Quantization Error）

$$E[|f - \hat{f}|] = \int_{a_L}^{a_U} |f - \hat{f}|\, p(f) df \tag{1.2}$$

③ 平均 Ln 正規量子化誤差

$$E[|f - \hat{f}|^N] = \int_{a_L}^{a_U} |f - \hat{f}|^N\, p(f) df \tag{1.3}$$

④ 重みづけ量子化誤差

$$\int_{a_L}^{a_U} w(f)|f - \hat{f}|\, p(f) df \tag{1.4}$$

以上の量子化誤差を一様量子化器の例について評価すると以下のようになる．まず，一様量子化器の入力信号の入力信号に対する確率密度関数を図 1.10 のように仮定すると式 (1.5)〜(1.7) が成立する．

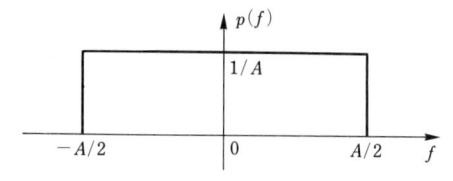

図 1.10 一様確率密度関数

$$p(f) = \frac{1}{a_U - a_L} = \frac{1}{A} \tag{1.5}$$

1.2 画像・音声情報圧縮に共通の基本原理

$$r_k = \frac{\int_{d_k}^{d_{k+1}} f\, p(f) df}{\int_{d_k}^{d_{k+1}} p(f) df}$$
$$= \frac{1}{2}(d_{k+1} + d_k) \tag{1.6}$$

$$d_{(k)} = \frac{r_k + r_{k-1}}{2} = \frac{d_{k+1} + d_{k-1}}{2} \tag{1.7}$$

したがって，

$$d_k - d_{k-1} = d_{k+1} - d_k$$
$$= \text{ステップサイズ一定} \tag{1.8}$$
$$= \frac{a_U - a_L}{J}$$

量子化誤差は，全領域で一様であるため上記式 (1.1) の MSQE は，以下のようになる．

$$\varepsilon = \frac{1}{SS} \int_{-SS/2}^{SS/2} f^2 df = \frac{(SS)^2}{12} \tag{1.9}$$

f の範囲は A としたため，分散 (Variance) は，以下のようになる．

$$\sigma_f^2 = \frac{1}{A} \int_{-A/2}^{A/2} f^2\, df = \frac{A^2}{12} \tag{1.10}$$

ここで b ビットの量子化器は，出力レベル J で出力されるため次式となる．

$$\text{SNR} = \frac{\text{Variance}}{\text{MSQE}} = \frac{A^2/12}{\left(\frac{A^2}{2^{2b}}/12\right)} = 2^{2b}$$
$$(\text{SNR})\text{dB} = 10\log_{10}(\text{SNR}) = 20b\log_{10} 2 \cong 6b\,\text{dB} \tag{1.11}$$

このことから，一様量子化器の平均二乗誤差は，1 ビット当たり 6 dB 増加することがわかる．

1.2.3 変換符号化

変換符号化は，信号領域をある関数によって変換し，別の領域へ写像することである．一般には，直交関数を用いるため可逆である．直交変換では変換後もエネルギーが保存され，逆変換による完全再生が可能である．変換は，

一次元でも多次元でもあり得るが，多次元については一次元への分解が可能な変換が実装上有利であるため，可分多次元変換を情報圧縮処理の対象とする．

情報圧縮に適用可能な直交変換は，1970年代初頭から今日まで実に多くの変換が考えられてきたが，実質的に有効なのはDCTである．このため，ここでは，DCTを中心に考え方を示す．DCTは，現在最も広く情報圧縮アルゴリズムとして採用されているものである．

(1) DCTの基礎

DCTの議論に入る前に，もとになるKLT（Karhunen-Loeve変換）についてふれておく．KLT（式(1.12)）は，カルーネン・レーベ変換と呼ばれ，定常確率過程において理論的に最適変換である．最適の意味は，無相関化，最大エネルギー寄与率，および最大符号化利得の3つである．しかしながら，KLTは理論的には最適だが，信号に依存する変換であり高速アルゴリズムが存在しないことから非実用的である．

KLTは，変換領域において信号を完全に無相関化するためのもので，Nサンプル点によるゼロ平均ランダムベクトル $\mathbf{x}$ について，

$$\mathbf{x} = \{x(0), x(1), \cdots, x(N-1)\}^T \tag{1.12a}$$

が成立し，線型独立の N 次元ベクトル空間を $\{\mathbf{\Phi}_i\}$ とすると

$$\mathbf{x} = \sum_{i=0}^{N-1} X_i \mathbf{\Phi}_i \tag{1.12b}$$

展開式 X_i は，以下の係数となる．$<\cdot,\cdot>$ は内積を表す．

$$X_i = <\mathbf{x}, \mathbf{\Phi}_i> / <\mathbf{\Phi}_i, \mathbf{\Phi}_i>, \quad i = 0, 1, \cdots, N-1 \tag{1.12c}$$

この式で示す解のうち，はじめの係数 D 個が0と大きく異なるとすると，最初の D 個の係数で十分表されるため，打切り表現を

$$\tilde{\mathbf{x}} = \sum_{i=0}^{D-1} X_i \mathbf{\Phi}_i \tag{1.12d}$$

で表す．このとき，MSE（平均自乗誤差）は，E を期待値演算子として，

$$\begin{aligned}\varepsilon &= E[(\mathbf{x} - \tilde{\mathbf{x}})^2] \\ &= E\left[\left\langle \sum_{i=D}^{N-1} X_i \mathbf{\Phi}_i, \sum_{i=D}^{N-1} X_i \mathbf{\Phi}_i \right\rangle\right]\end{aligned} \quad (1.12e)$$

となる．ここで，基底関数を正規直交性の下に仮定すると，

$$<\mathbf{\Phi}_i, \mathbf{\Phi}_k> = \delta_{ik} \quad (1.12f)$$

となり，$\mathbf{x}$ は，実ベクトルとなり，

$$\begin{aligned}\varepsilon &= E\left[\sum_{i=D}^{N-1} |X_i|^2\right] \\ &= E\left[\sum_{i=D}^{N-1} |<\mathbf{x}, \mathbf{\Phi}_i>|^2\right]\end{aligned} \quad (1.12g)$$

$$\begin{aligned}\varepsilon &= E\left[\sum_{i=D}^{N-1} \mathbf{\Phi}_i^T \mathbf{x}\mathbf{x}^T \mathbf{\Phi}_i\right] \\ &= \sum_{i=D}^{N-1} \mathbf{\Phi}_i^T E[\mathbf{x}\mathbf{x}^T] \mathbf{\Phi}_i\end{aligned} \quad (1.12h)$$

となる．T は転置であり，$[A] = E[\mathbf{x}\mathbf{x}^T]$ のようなランダムベクトル $\mathbf{x}$ の自己共分散行列を定義すると，正規直交条件から，

$$\left(\frac{\delta}{\delta \mathbf{\Phi}_i}\right)\{\varepsilon - \mu_i <\mathbf{\Phi}_i \mathbf{\Phi}_i>\} = 0 \quad (1.12i)$$

となり，

$$([A] - \mu_i [I_N])\mathbf{\Phi}_i = 0, \quad i = 0, 1, \cdots, N-1 \quad (1.12j)$$

と変形できる．ここで μ_i は，束縛条件のために導入したラグランジュ乗算子で $[I_N]$ は，単位行列である．また，$[A]$ は準正定値である．MSE の最小化は，この固有値問題に帰結し，

$$\begin{aligned}[\phi] &= [\mathbf{\Phi}_0, \mathbf{\Phi}_1, \cdots, \mathbf{\Phi}_{N-1}] \\ [\phi]^{-1}[A][\phi] &= \mathrm{diag}[\mu_0, \mu_1, \cdots, \mu_{N-1}]\end{aligned} \quad (1.12k)$$

を解くことになる．この結果，打切りによって得られる MSE は，

$$\varepsilon = \sum_{i=D}^{N-1} \mu_i \qquad (1.12l)$$

となる．そして，式 (1.12j) の対角化問題として存在し，基底関数が自己共分散行列 $[A]$ に依存し，あらかじめ決定できないが，以下の形の時に解析的な解が得られる．

$$[A]_{ik} = \rho^{|i-k|} \quad i,k = 0,1,\cdots,N-1 \qquad (1.12\text{m})$$

ここで $0 < \rho < 1$, ρ：隣接自己相関関数

　DCT は，現在知られている KLT に最も近い特性をもつ極めて実用的な変換である．画像符号化を例にとると，8×8 の正方画素ブロック単位に 64 個の画素について DCT 演算を実行する．DCT の系統は，以下の式 (1.13)〜(1.18) に示す 4 系統がある．

$$\begin{aligned}
\left[C_{N+1}^{\text{I}}\right] &= \sqrt{\frac{2}{N}}\left[K_m K_n \cos\left(\frac{mn\pi}{N}\right)\right], \ m,n = 0,1,\cdots,N \\
\left[C_N^{\text{II}}\right] &= \sqrt{\frac{2}{N}}\left[K_m \cos\left(m\left(n+\frac{1}{2}\right)\frac{\pi}{N}\right)\right], \ m,n = 0,1,\cdots,N-1 \\
\left[C_N^{\text{III}}\right] &= \sqrt{\frac{2}{N}}\left[K_n \cos\left(\left(m+\frac{1}{2}\right)\frac{n\pi}{N}\right)\right], \ m,n = 0,1,\cdots,N-1 \\
\left[C_N^{\text{IV}}\right] &= \sqrt{\frac{2}{N}}\left[\cos\left(\left(m+\frac{1}{2}\right)\left(n+\frac{1}{2}\right)\frac{\pi}{N}\right)\right], m,n = 0,1,\cdots,N-1
\end{aligned} \qquad (1.13)$$

ここで，

$$K_j = \begin{cases} 1, & j \neq \text{or } N \\ 1/\sqrt{2}, & j \neq \text{or } N \end{cases}$$

である．DCT の同一性は次のように示される．

$$\begin{aligned}
\left[C_{N+1}^{\text{I}}\right]^{-1} &= \left[C_{N+1}^{\text{I}}\right], \ \text{順変換}=\text{逆変換} \\
\left[C_N^{\text{II}}\right]^{-1} &= \left[C_N^{\text{III}}\right] = \left[C_N^{\text{II}}\right]^{-T} \\
\left[C_N^{\text{III}}\right]^{-1} &= \left[C_N^{\text{II}}\right] = \left[C_N^{\text{III}}\right]^{-T} \\
\left[C_N^{\text{IV}}\right]^{-1} &= \left[C_N^{\text{IV}}\right], \ \text{順変換}=\text{逆変換}
\end{aligned} \qquad (1.14)$$

DCT の順変換および逆変換の系列は以下のように定義できる.

DCT-I

$$X^{c1}(m) = \sqrt{\frac{2}{N}} K_m \sum_{n=0}^{N} K_n x(n) \left[\cos\left(\frac{mn\pi}{N}\right)\right], \\ m = 0, 1, \cdots, N \tag{1.15}$$

IDCT-I

$$x(n) = \sqrt{\frac{2}{N}} K_n \sum_{m=0}^{N} K_m X^{c1}(m) \cos\left(\frac{mn\pi}{N}\right), \\ m = 0, 1, \cdots, N$$

DCT-II

$$X^{c2}(m) = \sqrt{\frac{2}{N}} K_m \sum_{n=0}^{N-1} x(n) \cos\left[\frac{m(2n+1)\pi}{2N}\right], \\ m = 0, 1, \cdots, N-1 \tag{1.16}$$

IDCT-II

$$x(n) = \sqrt{\frac{2}{N}} \sum_{m=0}^{N-1} K_m X^{c2}(m) \cos\left[\frac{m(2n+1)\pi}{2N}\right], \\ m = 0, 1, \cdots, N-1$$

DCT-III

$$X^{c3}(m) = \sqrt{\frac{2}{N}} \sum_{n=0}^{N-1} K_n x(n) \cos\left[\frac{n(2m+1)\pi}{2N}\right], \\ m = 0, 1, \cdots, N-1 \tag{1.17}$$

IDCT-III

$$x(n) = \sqrt{\frac{2}{N}} \sum_{m=0}^{N-1} K_n X^{c3}(m) \cos\left[\frac{n(2m+1)\pi}{2N}\right], \\ m = 0, 1, \cdots, N-1$$

DCT-IV

$$X^{c4}(m) = \sqrt{\frac{2}{N}} \sum_{n=0}^{N-1} x(n) \cos\left[\frac{(2n+1)(2m+1)\pi}{4N}\right], \\ m = 0, 1, \cdots, N-1 \tag{1.18}$$

IDCT-IV

$$x(n) = \sqrt{\frac{2}{N}} \sum_{m=0}^{N-1} X^{c4}(m) \cos\left[\frac{(2n+1)(2m+1)\pi}{4N}\right],$$
$$m = 0, 1, \cdots, N-1$$

この中で,最も多用されているのが DCT-II である.これは,1974 年に K.R.Rao らによって開発されたもので,MPEG など多くの国際標準で用いられている.I から IV の型は,いずれも分解可能で高速アルゴリズムが見つかっている.ここで,この DCT-II を前提に議論を進めると,実際には多点 DCT 演算が用いられる.

N 点 DCT は,式 (1.19) で表される.

$$X^{c2}(k) = \frac{2}{N} c_k \sum_{n=0}^{N-1} x(n) \cos\left[\frac{(2n+1)k\pi}{2N}\right],$$
$$k = 0, 1, \cdots, N-1 \tag{1.19}$$

また,N 点 IDCT は,式 (1.20) で表される.

$$x(n) = \sum_{n=0}^{N-1} c_k X^{c2}(k) \cos\left[\frac{(2n+1)k\pi}{2N}\right],$$
$$n = 0, 1, \cdots, N-1 \tag{1.20}$$

ここで,

$$c_k = \begin{cases} 1/\sqrt{2}, & k = 0 \\ 1, & k \neq 0 \end{cases}$$

である.

正規化 N 点 DCT は,式 (1.21) で表される.

$$X^{c2}(k) = \sqrt{\frac{2}{N}} c_k \sum_{n=0}^{N-1} x(n) \cos\left[\frac{(2n+1)k\pi}{2N}\right],$$
$$k = 0, 1, \cdots, N-1 \tag{1.21}$$

さらに正規化 N 点 IDCT は,式 (1.22) で表される.

$$x(n) = \sqrt{\frac{2}{N}} \sum_{n=0}^{N-1} c_k X^{c2}(k) \cos\left[\frac{(2n+1)k\pi}{2N}\right],$$
$$n = 0, 1, \cdots, N-1 \tag{1.22}$$

ここで，式 (1.19) と (1.20) における $k = 0$ の係数は，式 (1.23) で表される．

$$\begin{aligned} X^{c2}(0) &= \frac{2}{N} \left(\frac{1}{\sqrt{2}} \right) \sum_{n=0}^{N-1} x(n) \\ &= \frac{\sqrt{2}}{N} \sum_{n=0}^{N-1} x(n) \quad \text{直流 (dc) 係数，入行系列の平均値} \end{aligned} \quad (1.23)$$

$$X^{c2}(k) = \text{交流 (ac) 係数}, \quad k = 0, 1, \cdots, N-1$$

k が増加すると $X^{c2}(k)$ は増加する周波数を表す．

$x(n), k = 0, 1, \cdots, N-1,$ データ系列（時間または空間領域で均等に標本化された）

$X^{c2}(k), k = 0, 1, \cdots, N-1,$ DCT 系列

次に DCT と IDCT は，ベクトル行列形式では式 (1.24) と (1.25) のように表される．

$$\begin{matrix} X^{c2}(k) & & & & & x(n) \end{matrix}$$

$$\begin{bmatrix} 0 \\ 1 \\ 2 \\ 3 \\ \vdots \\ N-1 \end{bmatrix} = \left(\frac{2}{N} \right) \begin{matrix} k \\ \downarrow \end{matrix} \begin{matrix} 0 \\ 1 \\ 2 \\ 3 \\ \vdots \\ N-1 \end{matrix} \begin{bmatrix} n \to & 0 & 1 & 2 & 3 & \cdots & N-1 \\ & & & & & & \\ & & c_k \cos\left[\dfrac{(2n+1)k\pi}{2N} \right] & & & & \\ & & & & & & \end{bmatrix} \begin{bmatrix} 0 \\ 1 \\ 2 \\ 3 \\ \vdots \\ N-1 \end{bmatrix} \quad (1.24)$$

$(N \times 1)$　　　　　　　　$(N \times N)$　　　　$(N \times 1)$

$\begin{pmatrix} \text{変換} \\ \text{ベクトル} \end{pmatrix} = \left(\dfrac{2}{N} \right)$　　　　(DCT 行列)　　$\begin{pmatrix} \text{データ} \\ \text{ベクトル} \end{pmatrix}$

$$c_k = \begin{cases} 1/\sqrt{2}, & k = 0 \\ 1, & k \neq 0 \end{cases}$$

$$\begin{matrix} x(n) & & & & & & X^{c2}(k) \\ & & k \to & 0\ 1\ 2\ 3\ \cdots\ N-1 & & \\ \begin{bmatrix} 0 \\ 1 \\ 2 \\ 3 \\ \vdots \\ N-1 \end{bmatrix} & \begin{matrix} n \\ \downarrow \end{matrix} \begin{matrix} 0 \\ 1 \\ 2 \\ 3 \\ \vdots \\ N-1 \end{matrix} & \begin{bmatrix} & & & & & \\ & c_k \cos\left[\dfrac{(2n+1)k\pi}{2N}\right] & & \\ & & & & & \end{bmatrix} & \begin{bmatrix} 0 \\ 1 \\ 2 \\ 3 \\ \vdots \\ N-1 \end{bmatrix} \end{matrix} \quad (1.25)$$

$$(N \times 1) \qquad (N \times N) \qquad (N \times 1)$$
$$\begin{pmatrix}\text{データ}\\\text{ベクトル}\end{pmatrix} = \qquad (\text{IDCT 行列}) \qquad \begin{pmatrix}\text{変換}\\\text{ベクトル}\end{pmatrix}$$

ここで DCT は直交行列であるため式 (1.26) が成立する．

$$\frac{2}{N}[\text{DCT 行列}][\text{IDCT 行列}] = I_N$$
$$(N \times N)$$
$$[\text{DCT}][\text{IDCT}]^{-1} = I_N$$
$$\therefore [\text{DCT}]^{-1} = \frac{2}{N}[\text{IDCT}] \quad (1.26)$$
$$= \frac{2}{N}[\text{DCT}]^T$$
$$[\text{IDCT}] = [\text{DCT}]^T$$
$$\frac{2}{N}[\text{DCT}][\text{DCT}]^T = I_N$$

また正規化 DCT の基底ベクトルは，式 (1.27) で表される．

$$\begin{aligned} c(k,n) &= 1/\sqrt{N}, \ \text{for}\ k=0,\ 0 \le n \le N-1 \\ c(k,n) &= \sqrt{\frac{2}{N}} \cos\left[\frac{(2n+1)k\pi}{2N}\right], \ \text{for}\ \begin{matrix}0 \le n \le N-1 \\ 1 \le k \le N-1\end{matrix} \\ &= \sqrt{\frac{2}{N}} C_{2N}^{k(2n+1)}, \ \text{ここで}\ C_a^b = \cos\left(\frac{b\pi}{a}\right) \end{aligned} \quad (1.27)$$

さらに正規化 DCT 行列と正規化 IDCT 行列は，各々式 (1.28) と (1.29) とで表される．

$$
\begin{array}{c}
\text{列} \to n \\
\begin{array}{c} \text{行} \\ k \downarrow \end{array}
\begin{array}{c} 0 \\ 1 \\ 2 \\ 3 \\ \vdots \\ N-1 \end{array}
\left[
\begin{array}{c}
(1/\sqrt{N})(1/\sqrt{N})\cdots\cdots(1/\sqrt{N}) \\
\sqrt{\dfrac{2}{N}}
\left[
\begin{array}{c}
\cos\left[\dfrac{(2n+1)k\pi}{2N}\right] \\
0 \le n \le N-1 \\
1 \le k \le N-1
\end{array}
\right]
\end{array}
\right]
\end{array}
\tag{1.28}
$$

$$
\begin{array}{c}
\text{列} \to k \\
\begin{array}{c} \text{行} \\ n \downarrow \end{array}
\begin{array}{c} 0 \\ 1 \\ 2 \\ 3 \\ \vdots \\ N-1 \end{array}
\left[
\begin{array}{cc}
\dfrac{1}{\sqrt{N}} & \\
\dfrac{1}{\sqrt{N}} & \sqrt{\dfrac{2}{N}}\cos\left[\dfrac{(2n+1)k\pi}{2N}\right] \\
\vdots & 0 \le n \le N-1 \\
\dfrac{1}{\sqrt{N}} & 1 \le k \le N-1
\end{array}
\right]
\end{array}
\tag{1.29}
$$

ここで DCT は三角対角行列 $[Q_c]$ を対角化するため式 (1.30) と (1.31) が成り立つ.

$$
\begin{array}{ccc}
\left[\hat{C}_N^{\text{II}}\right]^T & [Q_c] & \left[\hat{C}_N^{\text{II}}\right] = \Lambda(\text{対角行列}) \\
(N \times N) & (N \times N) & (N \times N)
\end{array}
\tag{1.30}
$$

$$
\begin{array}{c}
Q_c \\
(N \times N)
\end{array}
=
\begin{bmatrix}
1-\alpha & -\alpha & 0 & 0 & 0 \\
-\alpha & 1 & -\alpha & 0 & 0 \\
0 & -\alpha & 1 & \ddots & 0 \\
0 & 0 & \ddots & \ddots & -\alpha \\
0 & 0 & 0 & -\alpha & 1-\alpha
\end{bmatrix}
\tag{1.31}
$$

ところで一次マルコフ過程 R は, ρ を隣接相関関数として式 (1.32) と (1.33) とで表される.

$$
\begin{aligned}
R &= \begin{bmatrix} 1 & \rho & \rho^2 & \cdots & \rho^{N-1} \\ \rho & 1 & \rho & \cdots & \rho^{N-2} \\ \vdots & \vdots & \vdots & \vdots & \vdots \\ \rho^{N-1} & \rho^{N-2} & \rho^{N-3} & \cdots & 1 \end{bmatrix} \\
(N \times N) &\\
&= 相関係数行列
\end{aligned}
\tag{1.32}
$$

$$
\begin{aligned}
\beta^2 R^{-1} &= \begin{bmatrix} 1-\rho\alpha & -\alpha & 0 & 0 & 0 \\ -\alpha & 1 & -\alpha & 0 & 0 \\ 0 & -\alpha & 1 & \ddots & 0 \\ 0 & 0 & \ddots & \ddots & -\alpha \\ 0 & 0 & 0 & -\alpha & 1-\rho\alpha \end{bmatrix} \\
(N \times N) &
\end{aligned}
\tag{1.33}
$$

ここで $\beta^2 = (1-\rho^2)/(1+\rho^2)$, $\alpha = \rho/(1+\rho^2)$.

$\rho \cong 1$, $(1-\rho\alpha) \cong (1-\alpha)$ のとき, $\underset{(N \times N)}{\beta^2 R^{-1}} \cong \underset{(N \times N)}{Q_c}$ となる.

次に DCT が直交行列であることを示すのに DCT（式 (1.19)）に IDCT（式 (1.20)）を代入すると次式となる.

$$
\begin{aligned}
x_n &= \frac{2}{N} \sum_{k=0}^{N-1} c_k^2 \sum_{m=0}^{N-1} x_m \cos\left[\frac{(2m+1)k\pi}{2N}\right] \cos\left[\frac{(2n+1)k\pi}{2N}\right] \\
&= \frac{2}{N} \sum_{m=0}^{N-1} x_m \sum_{k=0}^{N-1} c_k^2 \cos\theta_m \cos\theta_n
\end{aligned}
\tag{1.34}
$$

ただし,

$$
\theta_m = \frac{(2m+1)k\pi}{2N}, \quad \theta_n = \frac{(2n+1)k\pi}{2N}
$$

$$
\begin{aligned}
\cos\theta_m \cos\theta_n &= \frac{1}{2}\left[\cos(\theta_m+\theta_n) + \cos(\theta_m-\theta_n)\right] \\
&= \frac{1}{2}\left[\frac{e^{j(\theta_m+\theta_n)} + e^{-j(\theta_m+\theta_n)}}{2}\right] + \frac{1}{2}\left[\frac{e^{j(\theta_m-\theta_n)} + e^{-j(\theta_m-\theta_n)}}{2}\right]
\end{aligned}
$$

ここで $\sqrt{-1} = j$ とおくと式 (1.35) となる.

$$x_n = \frac{1}{2N} \sum_{m=0}^{N-1} x_m \sum_{k=0}^{N-1} c_k^2 \left(\exp\left[j\frac{2k\pi}{2N}(m+n+1)\right] + \exp\left[-j\frac{2k\pi}{2N}(m+n+1)\right] \right.$$
$$\left. + \exp\left[j\frac{2k\pi}{2N}(m-n)\right] + \exp\left[-j\frac{2k\pi}{2N}(m-n)\right] \right)$$

$$c_k = \begin{cases} 1, & k \neq 0 \\ 1/\sqrt{2}, & k \neq 0 \end{cases}$$

$$= \frac{1}{2N} \sum_{m=0}^{N-1} x_m \sum_{k=0}^{N-1} c_k^2 \left(W_N^{-(m+n+1)\frac{k}{2}} + W_N^{(m+n+1)\frac{k}{2}} \right.$$
$$\left. + W_N^{-(m-n)\frac{k}{2}} + W_N^{(m-n)\frac{k}{2}} \right) \quad (1.35)$$

ただし, $W_N = \exp\left(\frac{-j2\pi}{N}\right) =$ ユニタリ値の N 乗根, である.

この式はさらに次式のように変形可能である.

$$m = n \text{ and } k \neq 0 \text{ のとき } \left(\frac{1}{2N} x_n 2N\right) = x_n$$
$$m = n \text{ and } k \neq 0 \text{ のとき } \left(\frac{1}{2N} x_n \left(\frac{1}{\sqrt{2}}\right)^2 4N\right) = x_n \quad (1.36)$$
$$\text{ただし} \sum_{k=0}^{N-1} W_N^{kl} = N\delta(l), \text{ ここで} \delta(l) = \begin{cases} 0, l \neq 0 \\ 1, l = 0 \end{cases}$$

(2) DCT の高速演算アルゴリズム

ところで基本式 (1.19) と (1.20) によれば, N 点 DCT と IDCT には各々 $N \times N$ 回の乗算と加算が必要となるため, 非効率的である. これは, DCT の最大のメリットであるが, 様々な高速演算アルゴリズムが開発されてきた. 一例をあげると図 1.11 は, Lee のアルゴリズムと呼ばれるものである. この他にも多くの高速アルゴリズムがあるので, 詳細は参考文献を参照されたい.

(3) 多次元 DCT

二次元 DCT と IDCT は, 一次元の各式 (1.19) と式 (1.20) とを拡張して 2D-DCT, 2D-IDCT, 正規化 2D-DCT, および正規化 2D-IDCT は, 各々式 (1.37) から (1.40) となる.

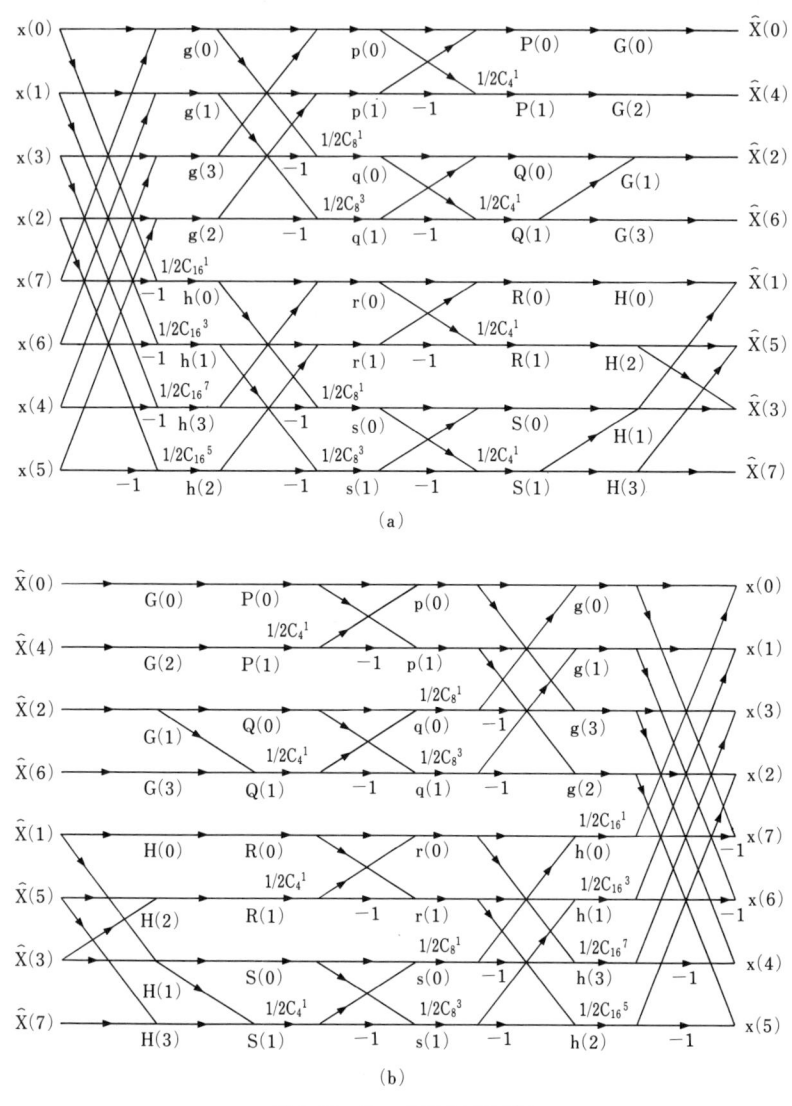

図 1.11 Lee のアルゴリズム

1.2 画像・音声情報圧縮に共通の基本原理

2D-DCT

$$X_{u,v}^{c2} = \frac{4}{NM} c_u c_v \sum_{n=0}^{N-1} \sum_{m=0}^{M-1} x_{n,m} \cos\left[\frac{(2n+1)u\pi}{2N}\right] \cos\left[\frac{(2m+1)v\pi}{2M}\right], \quad (1.37)$$

$$u = 0, 1, \cdots, N-1,$$
$$v = 0, 1, \cdots, M-1, \quad c_l = \begin{cases} 1/\sqrt{2}, & l = 0 \\ 1, & l \neq 0 \end{cases}$$

2D-IDCT

$$X_{n,m} = \sum_{u=0}^{N-1} \sum_{v=0}^{M-1} c_u c_v X_{u,v}^{c2} \cos\left[\frac{(2n+1)u\pi}{2N}\right] \cos\left[\frac{(2m+1)v\pi}{2M}\right], \quad (1.38)$$

$$n = 0, 1, \cdots, N-1, \quad m = 0, 1, \cdots, M-1$$

正規化 2D-DCT

$$X_{u,v}^{c2} = c_u c_v \frac{2}{\sqrt{NM}} \sum_{n=0}^{N-1} \sum_{m=0}^{M-1} x_{n,m} \cos\left[\frac{(2n+1)u\pi}{2N}\right] \cos\left[\frac{(2m+1)v\pi}{2M}\right]$$

$$= \sqrt{\frac{2}{N}} \sum_{n=0}^{N-1} c_u \left[\sqrt{\frac{2}{M}} c_v \sum_{m=0}^{M-1} x_{n,m} \cos\frac{(2m+1)v\pi}{2M}\right] \cos\frac{(2n+1)u\pi}{2N}, \quad (1.39)$$

$$u = 0, 1, \cdots, N-1,$$
$$v = 0, 1, \cdots, M-1, \quad c_l = \begin{cases} 1/\sqrt{2}, & l = 0 \\ 1, & l \neq 0 \end{cases}$$

正規化 2D-IDCT

$$X_{n,m} = \frac{2}{\sqrt{NM}} \sum_{u=0}^{N-1} \sum_{v=0}^{M-1} c_u c_v X_{u,v}^{c2} \cos\left[\frac{(2n+1)u\pi}{2N}\right] \cos\left[\frac{(2m+1)v\pi}{2M}\right], \quad (1.40)$$

$$n = 0, 1, \cdots, N-1, \quad m = 0, 1, \cdots, M-1$$

当然ながら分離可能であるため，行列表現は，各々式 (1.41) と (1.42) となる．

2D-DCT

$$\begin{array}{cccc} [\underline{X}^{c2}] & = \dfrac{2}{N} \left[\underline{C}_N^{\mathrm{II}}\right] & [\underline{x}] & \dfrac{2}{N} \left[\underline{C}_N^{\mathrm{II}}\right]^{\mathrm{T}} \\ (N \times N) & (N \times N) & (N \times N) & (N \times N) \end{array} \quad (1.41)$$

2D-IDCT

$$
\begin{aligned}
[\underline{x}] &= [\underline{C}_N^{\mathrm{II}}]^{\mathrm{T}} \ [\underline{X}^{c2}] \ [\underline{C}_N^{\mathrm{II}}] \\
&\quad (N \times N) \ \ (N \times N)(N \times N)(N \times N) \\
\frac{2}{N} & [\underline{C}_N^{\mathrm{II}}] \ [\underline{C}_N^{\mathrm{II}}]^{\mathrm{T}} = \frac{2}{N} [\underline{C}_N^{\mathrm{II}}]^{\mathrm{T}} \ [\underline{C}_N^{\mathrm{II}}] \\
&\quad (N \times N)(N \times N) \quad\quad (N \times N)(N \times N) \\
&= \underline{I}_N \\
&\quad (N \times N)
\end{aligned}
\tag{1.42}
$$

なお，分離可能性の証明は，式(1.43) に示すことができる．

$$
\begin{aligned}
X_{u,v}^{c2} &= \frac{2}{N} \sum_{n=0}^{N-1} c_u \left[\frac{2}{M} \sum_{m=0}^{M-1} c_v x_{n,m} \cos\frac{(2m+1)v\pi}{2M} \right] \cos\frac{(2n+1)u\pi}{2N} \\
&= \frac{2}{M} \sum_{m=0}^{M-1} c_v \left[\frac{2}{N} \sum_{n=0}^{N-1} c_u x_{n,m} \cos\frac{(2n+1)u\pi}{2N} \right] \cos\frac{(2m+1)v\pi}{2M},
\end{aligned}
\tag{1.43}
$$

$$u = 0, 1, \cdots, N-1, \quad v = 0, 1, \cdots, M-1$$

また，三次元への拡張も容易にでき式(1.44) と式(1.45) が得られる．

3D-DCT

$$
X_{u,v,p}^{c2} = \frac{8}{NML} c_u c_v c_p \sum_{n=0}^{N-1} \sum_{m=0}^{M-1} \sum_{l=0}^{L-1} x_{n,m,l} \cos\left[\frac{(2n+1)u\pi}{2N}\right]
$$
$$
\cos\left[\frac{(2m+1)v\pi}{2M}\right] \cos\left[\frac{(2l+1)p\pi}{2L}\right], \tag{1.44}
$$

$$
\begin{aligned}
&u = 0, 1, \cdots, N-1, \\
&v = 0, 1, \cdots, M-1, \quad c_k = \begin{cases} 1/\sqrt{2}, & k = 0 \\ 1, & k \neq 0 \end{cases} \\
&p = 0, 1, \cdots, L-1,
\end{aligned}
$$

3D-IDCT

$$
X_{n,m,l} = \sum_{u=0}^{N-1} \sum_{v=0}^{M-1} \sum_{p=0}^{L-1} X_{u,v,p}^{c2} c_u c_v c_p \cos\left[\frac{(2n+1)u\pi}{2N}\right]
$$
$$
\cos\left[\frac{(2m+1)v\pi}{2M}\right] \cos\left[\frac{(2l+1)p\pi}{2L}\right] \tag{1.45}
$$

このようにして得られる DCT の特性を理解するために，図1.12 に二次元 8×8DCT の基底画像を示す．

図 1.12　二次元 (8×8) DCT の基底画像

1.2.4　予測符号化

予測符号化とは，予測値，すなわち予測誤差（差分）を符号化することである．このことから DPCM(Differencial Pulse Code Modulation) とも呼ばれる．予測誤差を量子化するメリットは大きい．それは，原信号を量子化するよりかなり少ない量子化レベルで量子化できることである．図 1.13 に DPCM のブロック図を示す．DPCM は，JPEG など多くの情報圧縮方式の要素として利用されている．

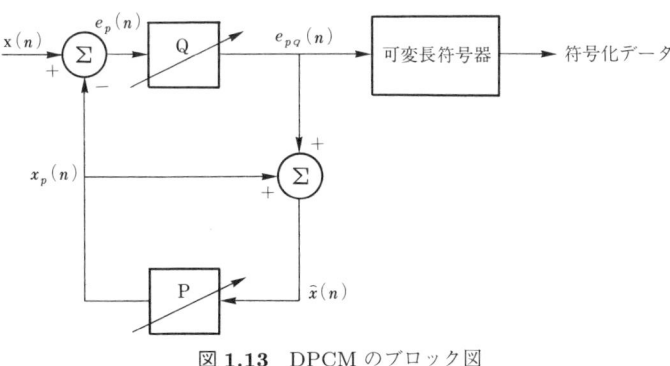

図 1.13　DPCM のブロック図

1.2.5 ベクトル量子化

ベクトル量子化は，体系的理論として整理されたのは，1980年のLinde, Buzo, Grayによる論文が最初である．また，VQ(Vector Quantization) とも略されて親しまれてきた情報圧縮手法で，MPEGなどの国際標準においては，DCTに主役の座を渡した感があるが，極めてシンプルな考え方でDCTに匹敵する有効な方式である．

これは，図1.14に示したように入力値の集合を入力ベクトルとして定義し，あらかじめ作成しておいたエンコーダ・コードブックとパターンマッチング処理を行い，一致度の最も高いコードをインデックスとして送るものである．インデックスを受信したデコーダでは，テーブル検索を行って出力ベクトルを得るようになっている．

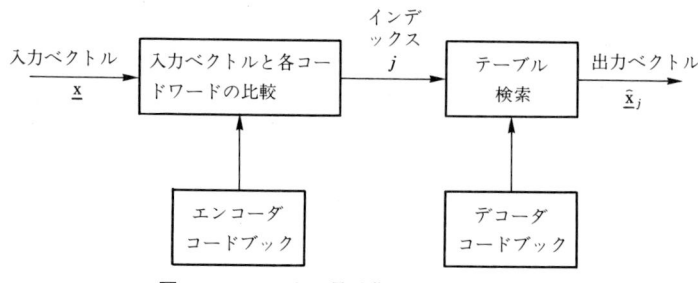

図 1.14　ベクトル量子化の処理ブロック図

図1.14において重要なのは，エンコーダ・コードブックから得られたベクトル値と実際の入力値との間の歪みを最小に抑えることである．この歪みの測度としては，主として以下の6つが知られている．

① 平均二乗誤差 (MSE)

$$d_1(\underline{x}, \hat{\underline{x}}_i) = \frac{1}{K} \sum_{m=1}^{K} [x(m) - \hat{x}_i(m)]^2 \qquad (1.46)$$

② 平均絶対値誤差 (MAE)

$$d_2(\underline{x}, \hat{\underline{x}}_i) = \frac{1}{K} \sum_{m=1}^{K} |x(m) - \hat{x}_i(m)| \qquad (1.47)$$

③ Ln ホルダーノルム

$$d_3(\underline{x},\hat{\underline{x}}_i) = \left[\sum_{m=1}^{K} |x(m) - \hat{x}_i(m)|^n\right]^{\frac{1}{n}}$$
$$d_4(\underline{x},\hat{\underline{x}}_i) = [d_3(\underline{x},\hat{\underline{x}}_i)]^n \tag{1.48}$$

④ 重み付け歪み

$$d_5(\underline{x},\hat{\underline{x}}_i) = \sum_{m=1}^{K} w_m [x(m) - \hat{x}_i(m)]^2 \text{ or } \sum_{m=1}^{K} w_m |x(m) - \hat{x}_i(m)| \tag{1.49}$$

⑤ 一般二次歪み

$$d_6(\underline{x},\hat{\underline{x}}_i) = (\underline{x} - \hat{\underline{x}}_i)[W](\underline{x} - \hat{\underline{x}}_i)^T \tag{1.50}$$

⑥ 最大歪み

$$d_7(\underline{x},\hat{\underline{x}}_i) = \max_{m} |x(m) - \hat{x}_i(m)| \tag{1.51}$$

ベクトル量子化器の性能は，コードブックの設計にかかっている．前述の歪み測度を効率的に適用することで，これが可能となる．

VQ には，様々な実装法が提案されている．一例をあげると，木探索 VQ（Tree-search VQ，木構造の中から枝へ向かって順次探索する），階層型 VQ（Hierarchical VQ，$N \times N$ を親のブロックとし内部に 1/2 ずつ精度をあげていく），多段 VQ（Multistage VQ，複数の VQ 処理を縦列接続する）などの他，平均値分離 VQ，ゲイン・シェープ VQ，補間 VQ，エントロピー制約 VQ など多くの方式がある．

さらに，予測符号化や変換符号化と組み合わせた複合型 VQ なども提案されている．

1.2.6　サブバンド符号化

サブバンド符号化は，変換符号化のように直交変換による周波数分解ではなく，入力信号の周波数成分をストレートに分割する方式である．この周波数分割には，フィルタバンクを用いる．Part3 で詳しく述べる MPEG オーディオでは，このサブバンドの分析/合成処理が行われている．

サブバンド・エンコーダの例を図 1.15 に示す．

図 1.15 オーディオ・サブバンド・エンコーダの例

入力オーディオ $f_s = 32\text{kHz}$

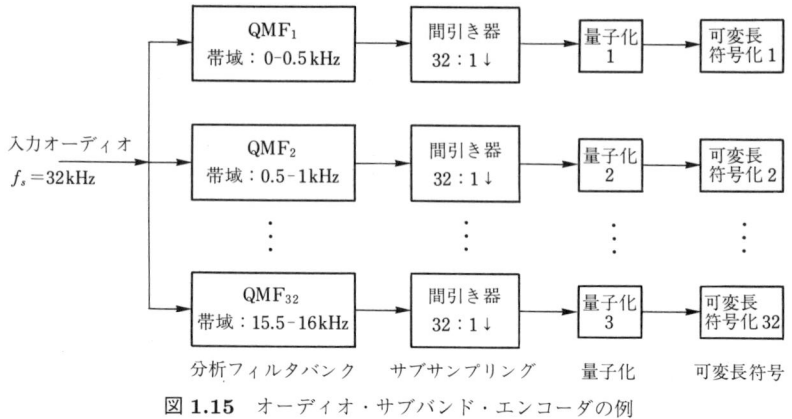

- QMF$_1$ 帯域: 0-0.5 kHz → 間引き器 32:1↓ → 量子化 1 → 可変長符号化 1
- QMF$_2$ 帯域: 0.5-1 kHz → 間引き器 32:1↓ → 量子化 2 → 可変長符号化 2
- ⋮
- QMF$_{32}$ 帯域: 15.5-16 kHz → 間引き器 32:1↓ → 量子化 3 → 可変長符号化 32

分析フィルタバンク　サブサンプリング　量子化　可変長符号

1.2.7 動き補償

動き補償とは,動画像圧縮だけに有効な手法である.これは,1画面中にある対象物体が異なる時刻にどの位置にあるかを探索し,移動量を求めることで情報量を圧縮する考え方である.アイデアとしては,画素ごとに追跡するPRA (Pel-Recursive Algorithm, 画素漸化型アルゴリズム) と画素ブロックごとに追跡するBMA (Block Matching Algorithm, ブロック・マッチング・アルゴリズム) とが知られているが,PRAは実用的でないためもっぱらBMA (図1.6参照) が用いられている.

図1.16は,現フレームの $M \times N$ 画素ブロックが,前フレーム中の探索範囲(サーチウィンドウ)内で,探索する様子を示している.

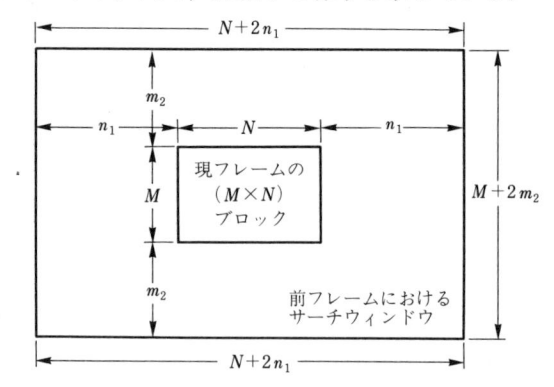

図 1.16 現フレームの $M \times N$ 画素ブロックと前フレーム中の探索範囲の関係

この対象ブロックの画素値と比較ブロックの画素値間の一致度を測る評価測度としては，以下に示す 3 つが主として用いられている．各々一長一短があるが，実装の容易な MAE が多く用いられている．

① 平均二乗誤差 (MSE)

$$M_1(i,j) = \frac{1}{MN} \sum_{m=1}^{M} \sum_{n=1}^{N} (X_{m,n} - X_{m+i,n+j}^{R})^2, \quad (1.52)$$
$$|i| \leq m_2, \ |j| \leq n_1$$

② 平均絶対値誤差 (MAE)

$$M_2(i,j) = \frac{1}{MN} \sum_{m=1}^{M} \sum_{n=1}^{N} |X_{m,n} - X_{m+i,n+j}^{R}|, \quad (1.53)$$
$$|i| \leq m_2, \ |j| \leq n_1$$

③ 相互相関関数

$$M_3(i,j) = \frac{\sum_{m=1}^{M} \sum_{n=1}^{N} X_{m,n} X_{m+i,n+j}^{R}}{\left[\sum_{m=1}^{M} \sum_{n=1}^{N} X_{m,n}^2\right]^{1/2} \left[\sum_{m=1}^{M} \sum_{n=1}^{N} (X_{m+i,n+j}^{R})^2\right]^{1/2}}, \quad (1.54)$$
$$|i| \leq m_2, \ |j| \leq n_1$$

さて，式 (1.52) から (1.54) を全探索領域にわたって演算するには膨大な演算量となる．例えば，16×16 画素を X，Y 軸ともに ±8 の範囲で探索すると，1 つの動きベクトルを得るのに 256 回の演算が必要となってしまう．このため，ソフトウェア処理のために多くの簡略化演算手法が提案されている．例をあげると，対数探索，共役方向探索，三段探索，および階層探索などが知られている．

1.2.8　エントロピー符号化

エントロピー符号化は，これまで述べてきた様々な情報圧縮符号化の最終段階で適用するのが常である．これは，前にも述べたように符号化データの発生確率の偏りを利用した可変長符号化である．例えば，動きベクトルの移動量は，小さい値をとる確率が高い．このため，符号化する際には近傍での

動きベクトルにより短い符号を，遠隔の動きベクトルにはより長い符号を割り当てることで，全体の情報量を抑えることができる．このような発生確率を基本とした可変長符号化をエントロピー符号化と呼んでいる．

実際例として Huffman 符号と二次元 Huffman 符号とについて示す．

(1) Huffman 符号

以下に示すように 4 値をとる例では，固定長 2 進データでは 2 ビット長となるが，可変長 Huffman 符号では 3 ビット長となる．しかし，ビット長の短い 0 の発生確率が極端に高いと統計的なデータ長は，2 ビット以下にすることができる．

　　元データ（固定長）　　：10 進数で 0 から 3 とする
　　2 進データ（固定長）　：2 進数で 00, 01, 10, 11 となる
　　Huffman 符号（可変長）：発生確率順位　1 位：0 →　 0 （1 ビット）
　　　　　　　　　　　　　　　　　　　　　 2 位：1 → 10 （2 ビット）
　　　　　　　　　　　　　　　　　　　　　 3 位：2 → 110 （3 ビット）
　　　　　　　　　　　　　　　　　　　　　 4 位：3 → 111 （3 ビット）

(2) 二次元 Huffman 符号

上記 (1) に加えてランレングス符号化を併用するものである．

この場合は，ゼロラン（連続するゼロの個数）とその次に現れる値のマトリクスに対して Huffman 符号を割り当てるため，二次元 Huffman 符号と呼ばれる．例を表 1.3 に示す．

表 1.3　二次元 Huffman 符号

元データ値		0	1	2	3
ゼロラン	0	—	00	110	1110
	1	—	010	1010	01111
	2	—	0110	01110	111101
	3	110	1011	11110	111100

　10 進 元データ　　：0 2 0 1 0 0 0 1 1 0 0 0 0 3
　2 進 元データ　　　：00 10 00 01 00 00 00 01 01 00 00 00 00 11 = 28 ビット
　Huffman 符号　　　：0 110 0 10 0 0 0 10 10 0 0 0 0 111　　　 = 21 ビット
　二次元 Huffman　　：1010 010 1011 00 110 1110　　　　　　　 = 20 ビット

以上の例においてわかるように 2 進元データに対して Huffman 符号と二次元 Huffman 符号で符号化したデータは，全体のデータ長を圧縮することができる．

(3) Huffman 符号と二次元 Huffman 符号で符号化したデータの生成法
以下のような手順で符号化する．
① Huffman 符号の場合は，符号化対象とする元データの，また二次元 Huffman 符号の場合は，マトリクスの各値の発生確率を求める．
② 対象値の数が奇数の場合は，発生確率の最低のものに 0 か 1 を割り当てる．偶数の場合は，最低の 2 つを組み合わせて 0 と 1 を割り当てる．
③ 上記のペアと次に低確率の符号と組み合わせて 0 と 1 を割り当てる．
④ 順次組み合わせて符号化の木を生成する．

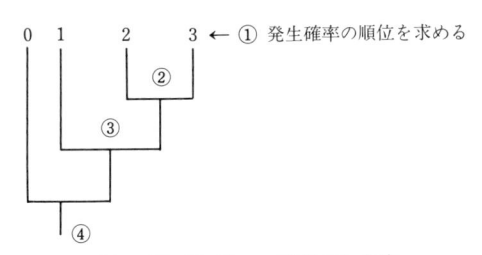

図 1.17 Huffman 符号の生成法

1.3 データ圧縮の基礎

これまでは，画像・音声情報圧縮とインターネットとの関係，および圧縮アルゴリズムの基本原理について解説してきた．読者にはどのような適用条件と原理が用いられているのかが，おおむね理解頂けたと思うが，画像・音声情報圧縮に用いられているのはディジタル信号処理と呼ばれるアナログ信号をディジタル化して冗長成分を削減するものである．これに対して，本節で述べるデータ圧縮は，もともとディジタルデータのファイル容量を削減し，記憶と伝送のコストを低減することを目的としている．したがって，これらの背景にある数学的基礎は全く異なっている．以下にその概要について述べる．

1.3.1 データ圧縮の基本原理

データ圧縮は,これまで述べてきた画像・音声情報圧縮と異なり文字列の圧縮を主な目的としている.大別するとファクシミリやその他の画像・音声情報圧縮にも適用されている Huffman 符号化と,LZ(Lempel-Ziv) 方式との 2 方式が主要なものである.

Huffman 符号化 [1] は,文字の発生確率にバラツキがあることを利用している.このためエントロピー符号化とも呼ばれている.情報科学におけるエントロピー論的には,最適であることが証明済みであるが,前もって文字の発生確率を求める処理が必要となるため,データ列をあらかじめ走査することが要求される.この走査処理後,圧縮処理するという 2 パス方式であることが欠点である.この 2 パスの欠点を解消する方式として,その後,動的 Huffman 符号化方式が発表されている [2].

これに対して,LZ 方式は,1 パス処理を特徴としている.本方式は,文字列の反復性に着目し,これを冗長成分として除去するものである.過去に記述された文字列と現在の文字列との比較処理を行って符号化する [3].

表 1.4 にデータ圧縮の基本となる 2 方式の比較を示す.

表 1.4 データ圧縮の基本となる 2 方式の比較

方式	発明	処理過程	圧縮原理	圧縮率
Huffman 符号化	1952 年	2 パス	発生確率	0.7〜0.8
LZ(Lempel-Ziv)	1977 年	1 パス	反復性	0.4〜0.5

1.3.2 Huffman 符号化

詳細は,すでに 1.2.8 節エントロピー符号化で述べたように符号や文字列の発生確率をまず求めて,それに対応して全体のデータ長を短くする方式である.

1.3.3 LZ(Lempel-Ziv) 方式

LZ(Lempel-Ziv) 方式には大きく分けると 2 つの方式がある.それぞれ発明された年をとって LZ77 と LZ78 と呼ばれている.

(1) LZ77

LZ77 は，当時 Sperry 社に在籍していた Abraham Lempel, Jacob Ziv らが発明し，Stac Electoronics 社の保有する特許の基本原理となっている．図 1.18 に示すようにスライド辞書法を用いており，処理時間はかかるが，圧縮率が高くソフトウェアによって実現可能である．LZ77 によって高い圧縮率を実現するには，十分大きなバッファメモリを用意する必要がある．バッファメモリには過去に出現した文字列を記憶し，一致する最長の文字列を求めるものである．このため入力文字列をシフトしていくことになる．

LZ77 を高速化する方法として，Stac 社は Hash 関数を用いている．Hash 関数の適用により，比較対象文字列を短くとることができる．例えば図 1.19 に示すように 2 バイト文字を Hash 関数によって 12 ビットにしたり，3 バイト文字を 1 バイトにしたりすることが可能である．本図においては，C1 と C2 の 2 文字（2 バイト）を Hash 関数 [HVAL=F(C1,C2)] に入力し，出力である C1 を左 4 ビットシフトし，C2 との排他的論理和をとった値（12 ビット）としている．

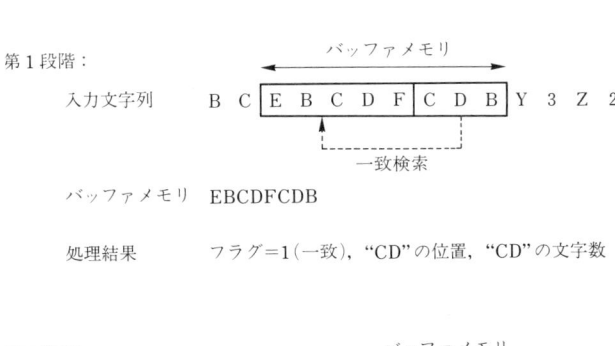

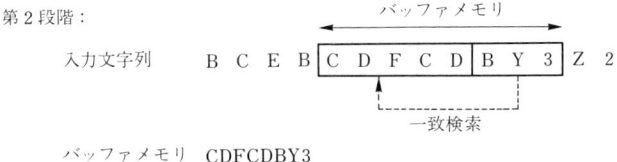

第 1 段階：

入力文字列　　B　C　E　B　C　D　F　C　D　B　Y　3　Z　2

　　　　　　　　　　　　　　　一致検索

バッファメモリ　EBCDFCDB

処理結果　　　フラグ＝1（一致），"CD" の位置，"CD" の文字数

第 2 段階：

入力文字列　　B　C　E　B　C　D　F　C　D　B　Y　3　Z　2

　　　　　　　　　　　　　　　一致検索

バッファメモリ　CDFCDBY3

処理結果　　　フラグ＝0（不一致），"B" のコード

図 1.18　LZ77 の基本となるスライド辞書法

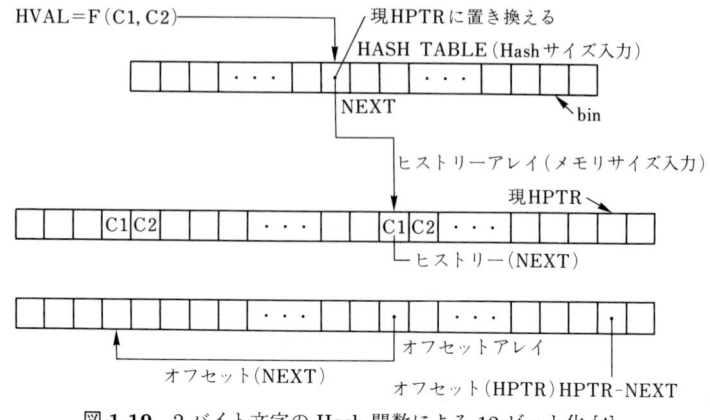

HVAL＝F(C1,C2) ─────────┐   ┌─現HPTRに置き換える
                        │ ／ HASH TABLE(Hashサイズ入力)
□□□□□···□／□□□□□□□
             NEXT   ↖bin

                    ヒストリーアレイ(メモリサイズ入力)
                              ↓   現HPTR↘
□□C1C2□□···□C1C2···□□□□
                          └─ヒストリー(NEXT)

□□□□□□···□□□□□□□□
   ↑   ↑   オフセットアレイ
   └─────────┘   オフセット(HPTR) HPTR-NEXT
   オフセット(NEXT)

図 1.19　2 バイト文字の Hash 関数による 12 ビット化 [4]

第 1 段階：入力文字列 ababc
　　　　符号化処理結果(1, "b" の 2 進コード [次の 1 文字])

辞書	文字列	a	b	c	···	z
	コード	1	2	3	···	26

第 2 段階：入力文字列 babc
　　　　符号化処理結果(2, "a" の 2 進コード)

辞書	文字列	a	b	c	···	z	ab
	コード	1	2	3	···	26	27

第 3 段階：入力文字列 abc
　　　　符号化処理結果(27, "c" の 2 進コード)

辞書	文字列	a	b	c	···	z	ab	ba
	コード	1	2	3	···	26	27	28

図 1.20　LZ78 の基本となる動的辞書法

(2) LZ78

LZ78 は，Ferranti,plc 社の John Storer が発明し IBM 社保有の特許の基本原理となっている．図 1.20 に示すように動的辞書法を用いており，処理時間は短いが圧縮率は低く，ハードウェア処理に向くのが特徴である．LZ78 では，過去に出現した文字列に対して専用コードを割り当て，辞書形式で記憶する．

入力文字列と辞書とを比較し，一致した時に辞書コードで表現する．不一致の文字列は辞書に逐次登録する．このように辞書は動的に変化する．当然ながら処理が進むと辞書容量は増大する．

1.3.4 データ圧縮の応用分野

以上に述べたように，データ圧縮の基本原理は，Huffman 符号化と LZ 方式であるが，応用分野としては様々な分野がある．図 1.21 は，Addstor 社による実験例であるが，スプレッドシートファイルやビットマップファイルの圧縮には，極めて有効であることがわかっている．これに対して，実行ファイルの圧縮効率はさほどよくない．

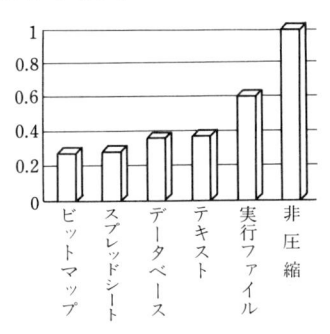

図 1.21 Addstor 社による実験例

現在，インターネット上で多くのデータ交換が行われるようになってきたが，これらは上記の基本原理に基いて，OS 種別に応じて多様なファイル圧縮形式が用いられている（表 1.5 参照）．

表 1.5 OS 種別に応じて多様なファイル圧縮形式

OS 種別	圧縮形式（拡張子）
UNIX	compress(Z) 他
Windows	Zip (zip, 32 ビット)，LZH (lzh, 16 ビット) 他
Macintosh	StuffIt (sit,sea)，Compact Pro (cpt) 他

ところで，インターネットを用いて圧縮ファイルを交換する場合は，一定規則で文字列に変換する必要があるが，これをエンコードと呼ぶことが多い．現在主要なエンコード形式としては，次の 3 つがある．なお，これらの変換自動化については，MIME(Multipurpose Internet Mail Extensions) というデコー

ド規格によって実現される.

また実際の圧縮・解凍ソフトウェアとしては，フリーウェアでは，DropEx（LZH, ZIP, ARJ, GZ, TAR, ISH 形式の解凍），ChkUNARJ（ARJ, ZIP 形式の解凍と LZH 形式の圧縮・解凍），LHA32.EXE（UNLHA32.DLL を使った LHA 解凍・圧縮），UNARJ32.DLL（ARJ 形式の解凍 DLL），UNLHA32.DLL（LZH 形式の圧縮・解凍 DLL）などが多く用いられている．またシェアウェアとしては，Explzh, Lhasa, Press1 for Windows, WinLM, Winzip などが知られている．

(1) Uuencode
UNIX で用いられている標準形式．
(2) BASE64
Windows で用いられている標準形式．
(3) BinHex
Macintosh で用いられている標準形式．

参考文献

[1] Huffman,D.,"A Method for the Construction of Minimum redundancy Codes," Proceeding of IRE,vol.40,no.9, pp.1098-1101,Sep.1952

[2] Knuth,D., "Dynamic Huffman Coding," Journal of Algorithms,vol.6,no.2,pp.163-180, June 1985

[3] Bender,P. and Wolf,J., "New Asymptotic Bounds and Improvement on the Lempel-Ziv Data Compression Algorithm," IEEE Transaction on Information Theory, vol.37, pp.721-729, May 1991

[4] 米国特許 5016009 "Data compression apparatus and method",Jan.13,1989,Stac Corp.

Part 2

画像圧縮標準に用いられる数学的手法

Part1 では，画像・音声情報圧縮の数学的基礎と基本原理を理解するために，画像・音声情報を対象とした場合の，インターネットという伝達メディアとしての数学的制約条件，情報圧縮の基本原理，およびその数学的基礎について学んできた．本 Part では，その実際例として，これらの考え方が適用されている情報圧縮標準の概要と数学的手法について解説する．

2.1　ITU-T H.261 と H.263

ITU-T (International Telecommunications Union-Telecommunication Sector：国際電気通信連合・電気通信部門) は，国連の下部組織で電気通信に関わる通信方式の国際標準化組織である．ここでは，ISDN (Integrated Services Digital Network：総合ディジタルサービス網) を前提とし，伝送速度で $p \times 64 (p = 1 \sim 30)$ Kbps の範囲 [64〜1920 Kbps] を対象とした H.261 と，アナログ電話線のモデム (28.8〜56 Kbps 相当) などを対象にした H.263 について述べる．特に H.261 は，テレビ信号を低ビットレートに圧縮する上での基本となる最初の標準で，これを改良して作られた H.263 や MPEG を理解する上でも重要な考え方が内包されている．また，H.263 は，現在のインターネット環境のアナログ電話回線に対応しているため，実用上重要である．

(1) ITU-T H.261

① 全体のデータ構造と処理系統

H.261 は，64 K から 2 Mbps 程度の伝送速度範囲をカバーする TV 電話/TV 会議用の標準で，通常の TV 品質よりも若干低品質であるが，384 Kbps 以上であれば TV 会議用に有効であるし，また 1 対 1 の TV 電話には 64 Kbps あれば実用に耐えるようになった最初の標準である．

H.261 コーデックのブロック図を図 2.1 に示すが，本図において情報源符号器と復号器は，各々，情報圧縮と伸張にとっての本質的要素である．

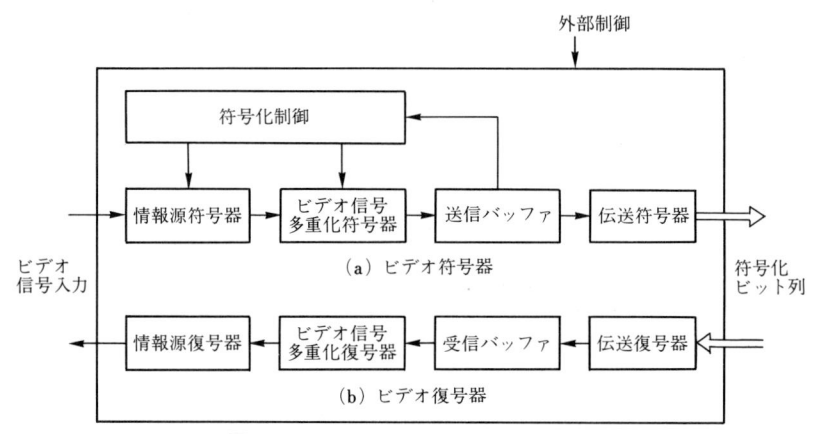

図 2.1 H.261 コーデックのブロック図

H.261 の入力信号フォーマットは，欧米やアジアなどで異なる TV 信号フォーマットに共通性をもたせるために，図 2.2 に示す CIF(Common Intermediate Format) と 1/4 の QCIF が規定されている．

次に CIF 画面（ピクチャ）における階層型のデータ構造について図 2.3 に示す．この図にあるように 1 枚の CIF 画面は，12 個の GOB(Group of Blocks) によって構成される．次に 1 つの GOB は，33 個の MB(Macro Block) で構成される．さらに各 MB は，4 つの Y ブロック（輝度信号）と 2 つの C（色差）ブロックとから成る．C ブロックが 4 つの Y ブロックに対して半分の 2 つしかない理由は，人間の視覚特性として輝度（明るさ）に対する解像度の方が，色（色差）よりも高いことを利用している．各 Y, C ブロックとも，8×8 の画素ブロックとなっている．

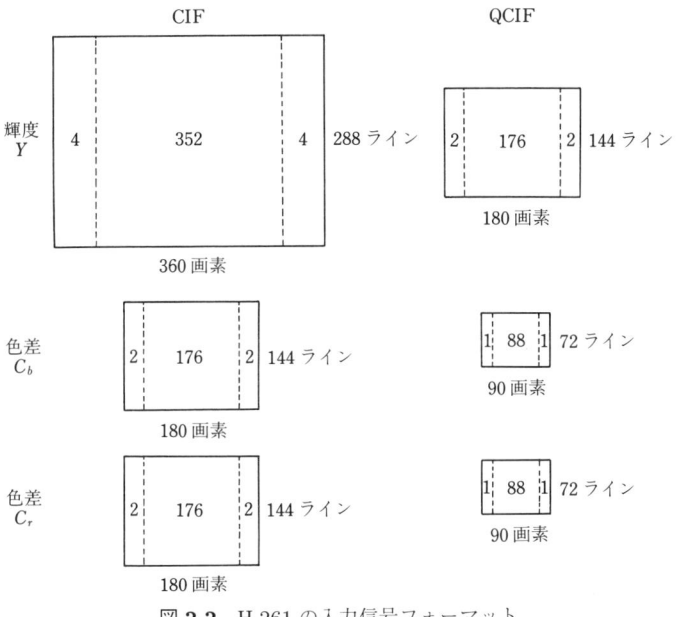

図 **2.2** H.261 の入力信号フォーマット

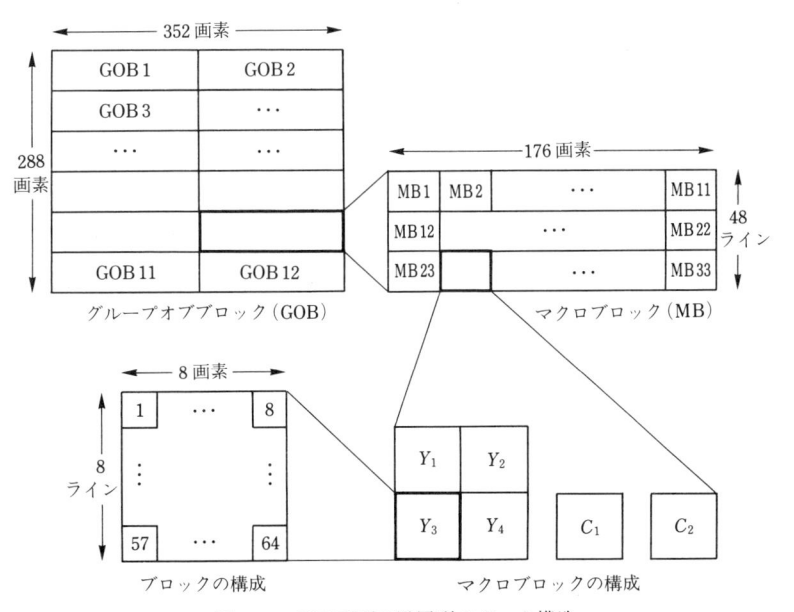

図 **2.3** CIF 画面の階層型のデータ構造

ピクチャ層

```
→ PSC → TR → PTYPE → PEI → PSPARE → GOB層 →
```

GOB層

```
→ GBSC → GN → GQUANT → GEI → GSPARE → MB層 →
```

マクロブロック層

```
→ MBA → MTYPE → MQUANT → MVD → CBP → ブロック層 →
            MBAスタッフ符号
```

ブロック層

```
→ TCOEFF → EOB →
```

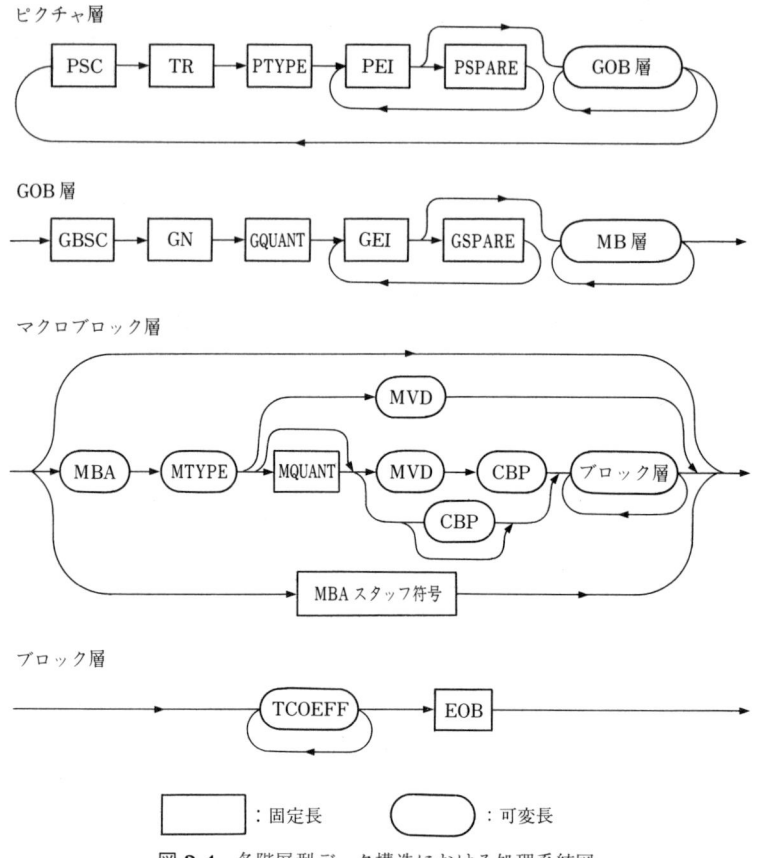

□：固定長　　◯：可変長

図 2.4　各階層型データ構造における処理系統図

以上のことからピクチャ，GOB，MB，およびBの四階層構造を形成する．この各四階層における処理系統図を図2.4に示す．また，この図中の各レイヤにおける符号種別一覧表を表2.1に示す．

② 情報源符号化方式

上記の処理系の元となる最も重要なH.261の情報源符号化方式におけるエンコーダ部の制御ブロック図を図2.5に示す．

この図中のイントラとは Intra Frame Coding モードのことで，初期符号化画面やシーンチェンジが起こった時のように，時間相関をとらずに1枚の画面内に閉じた符号化を行うモードであることを示している．これに対して，

2.1 ITU-T H.261 と H.263

表 2.1 各レイヤにおける符号種別一覧表

PSC	ピクチャ開始符号 (20 ビット, 0000 0000 0000 0001 0000)
TR	テンポラルリファレンス (5 ビット FLC[固定長符号]) は元の CIF のピクチャ番号を表し,デコーダで使われる (この使用法は H.261 の規格外である).ピクチャレートを知らせるためのものではない.
PTYPE	ピクチャタイプ (6 ビット FLC).これはスプリットスクリーンの表示のオン・オフ,書画カメラの表示のオン・オフ,フリーズピクチャの解除のオン・オフ,そしてフォーマットが CIF(1) か QCIF(0),を表す.
PEI	ピクチャ拡張情報
PSPARE	将来のための拡張ビット (0, 8, 16, ..., ビット)
GBSC	GOB 開始符号 (16 ビット, 0000 0000 0000 0001)
GN	12 の GOB を表すグループ番号 (4 ビット FLC)
GQUANT	グループ量子化情報 (5 ビット FLC).GOB の中で使われる 31 種の量子化器の 1 つを表し,後から現れる MQUANT 情報で書き換えられるまで使われる.
MBA	MB アドレスで GOB 内の位置を示す (11 ビット以下の VLC).MBA は GOB 内でマクロブロックの絶対アドレスとその 1 つ前に送られたマクロブロックのアドレスの差で表される.
MTYPE	VLC (可変長符号) テーブルに示される MB タイプ情報.
MQUANT	MB 量子化情報 (5 ビット FLC)
MVD	動きベクトルデータ (11 ビット以下の 32 種の VLC)
CBP	有意ブロックパターン (9 ビット以下の 63 種の VLC)
TCOEFF	変換係数 (ジグザグスキャンされ,8 ビットの FLC あるいは 13 ビット以下の 66 種の VLC)

インターとは Inter Frame Coding モードのことで,画面間の時間相関,すなわちフレーム間相関符号化モードであることを示している.ループフィルタは,動き補償を実行した時に発生するブロック歪み (動き補償単位の正方画素ブロック境界の不連続性) を平滑化処理するためのフィルタである.ここで,イントラ/インター判定処理は,実装は自由であるが,H.261 では,図 2.6 に示す判定曲線を推奨している.

なお,この図の判定曲線中の VAR(Variance) は,統計学上の分散であり,MSE(Mean Square Error) は,式 (2.1) で示される o:original (原画素), mc:motion compensation (動き補償された画素) を意味する添え字である.

$$\mathrm{MSE} = \frac{1}{256} \sum_{m=0}^{15} \sum_{n=0}^{15} (x_o(m,n) - x_{mc}(m,n))^2 \qquad (2.1)$$

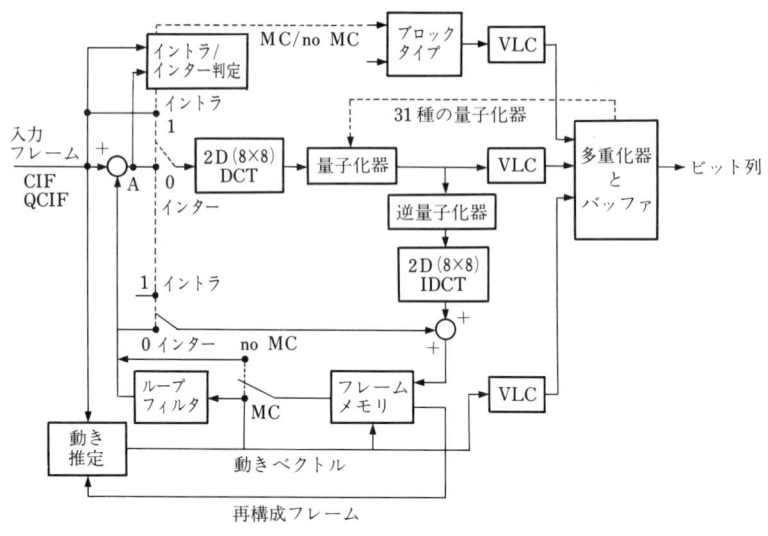

図 2.5 H.261の情報源符号化方式におけるエンコーダ部の制御ブロック図

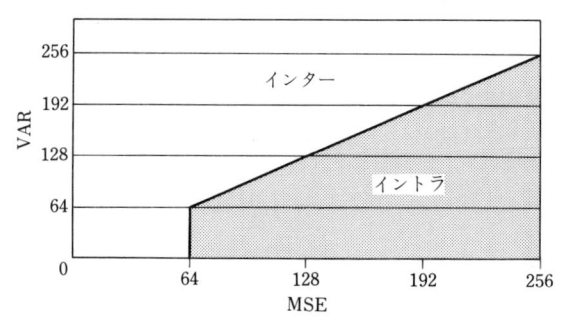

図 2.6 イントラ/インター判定処理の判定曲線

量子化については，図 2.7 に示すようにイントラ DC 係数（64 個の DCT 係数のうち左上隅の係数）とインター DC と全 AC 係数とで異なる量子化が実行される．

また図 2.5 に示したビデオエンコーダで用いるループフィルタは，式 (2.2) で規定される．

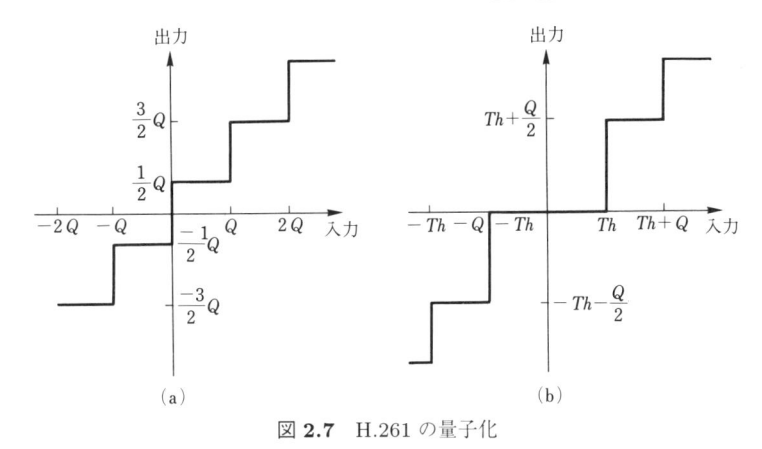

2.1 ITU-T H.261 と H.263　43

図 2.7　H.261 の量子化

1. ブロック内部の画素に対して

$$\frac{1}{16}\begin{bmatrix} 1 & 2 & 1 \\ 2 & 4 & 2 \\ 1 & 2 & 1 \end{bmatrix}$$

2. ブロックの縁の画素に対して　　　　　　　　　　　(2.2)

$$\frac{1}{16}\begin{bmatrix} 3 & 1 \\ 6 & 2 \\ 3 & 1 \end{bmatrix}$$

(2) ITU-T H.263

① 全体のデータ構造と処理系統

H.263 は，アナログ電話のモデムを前提としているため，32 Kbps 程度以下の伝送速度範囲を対象とする TV 電話用の標準で通常の TV 品質よりも低品質である．H.261 よりも約 5 年後で作られた標準であり，低ビットレート下でも高画質である．また，インターネット上で実用に耐えるようになった最初の標準である．

H.263 の入力信号フォーマットは，H.261 で欧米やアジアなどで異なる TV 信号フォーマットに共通性をもたせるために，導入された CIF の 1/4 サイズの QCIF（176 画素 ×144 ライン）を基本としている．しかし，sub-CIF（128 画素 ×96 ライン），CIF（352 画素 × 288 ライン），4CIF（CIF のタテ・ヨコ

とも2倍），16CIF（CIFのタテ・ヨコとも4倍）のフォーマットが使用可能である．

　動き予測は，H.261のような整数画素単位のマクロブロック単位に1つの動きベクトルだけでなく，半画素精度で中央値ベースの動き予測に加えて高度予測モードでは，マクロブロック単位に4つの動きベクトル，およびオーバラップブロック動き補償を行うようになっている．

　フレーム種別は，前方向予測に加えて，オプションとして，MPEGと同様の両方向予測フレームが導入されている．図2.8にH.263映像ストリームの各階層型データ構造における処理系統図を示す．

ピクチャレイヤ

PSC → TR → PTYPE → PQUANT → CPM → PSBI → TRB → DBQUANT → PEI → PSPARE → GOB LAYER → ESTUF → EOS → PSTUF

GOBレイヤ

GSTUF → GBSC → GN → GSBI → GFID → GQUANT → MB LAYER

マクロブロックレイヤ

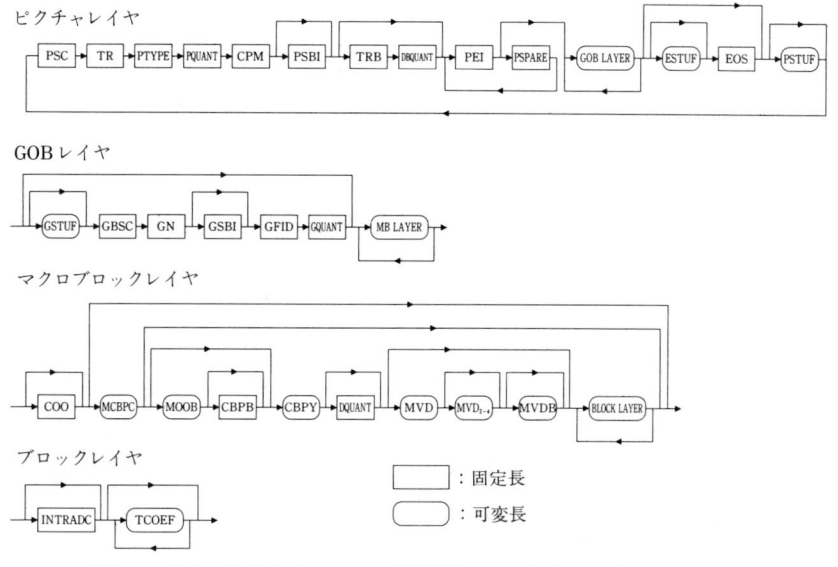

COO → MCBPC → MOOB → CBPB → CBPY → DQUANT → MVD → MVD$_{2-4}$ → MVDB → BLOCK LAYER

ブロックレイヤ

INTRADC → TCOEF

□：固定長
◯：可変長

図 **2.8**　H.263映像ストリームの各階層型データ構造における処理系統図

　次に，画面（ピクチャ）における階層型のデータ構造については，H.261と同様にピクチャは，GOBによって構成される．次に1つのGOPは，33個のMBで構成される．さらに各MBは，4つのYブロック（輝度信号）と2つのC（色差）ブロックとから成る．

　② 情報源符号化方式

　上記の処理系統の元となる最も重要なH.263の情報源符号化方式におけるコーデックのブロック図を図2.9に示すが，図2.5に示したH.261と共通点が

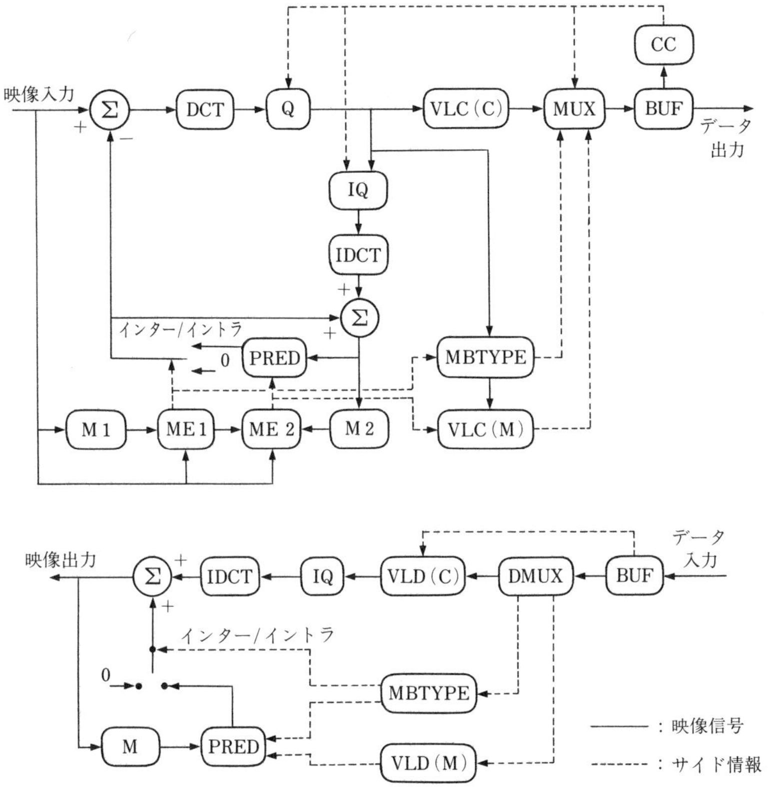

図 2.9 H.263 の情報源符号化方式におけるコーデックのブロック図

多い．

2.2 JPEG

JPEG (Joint Photographic Experts Group, 合同静止画符号化専門家会合) は，もともと ISO (International Organization for Standardization, 国際標準化機関) と IEC (International Electro-technical Commission, 国際電気標準会議) の合同技術委員会である JTC1(Joint Technical Committee) 内の WG8 (Working Group, 作業部会) の中にある1つの作業グループの名前であった．同様に次節で解説する MPEG があったが，両作業グループともに発展し，その後，WG1 と WG11 に昇格した．この標準化作業グループの名前がそのまま

国際標準のニックネームとなっている．正式規格名は，ISO10918である．ISOとIECは，ともに国家間の条約に基づいて制定される国際標準で，日本では通産省の主管となっている．一方，2.1節で述べたITUは，郵政省の主管である．しかしながら，マルチメディアは，通信，放送，コンピュータ，家電機器などの間の境界が不鮮明になってきており，このJPEGと後述のMPEG 2は，ISOとITU-T（勧告T.82）の共通標準として規格化されている．これを共通テキストと呼んでいる．

　JPEGは，圧縮率1/2から1/100程度をカバーするモノクロとカラーの連続階調静止画に対する符号化規格であり，カラーFAX，ディジタルカメラなど多くの製品分野で最も普及している標準である．JPEGには，以下に示す4つの符号化モードがある．
　① シーケンシャル符号化モード
　② プログレッシブ符号化モード
　③ ロスレス符号化モード
　④ 階層符号化モード
　これらの技術は，主としてPart1で詳しく述べた二次元DCTが基礎となっている．JPEGにDCTが採用された理由は，実装の容易さと圧縮性能であった．JPEGの性能指標となる画像品質と圧縮性能の目安としては，以下に示す4つの段階がある．
　① 通常の品質　　　：0.25 − 0.5 bpp(Bit Per Pixel)
　② 良好な品質　　　：0.50 − 0.75 bpp
　③ 優れた品質　　　：0.75 − 1.0 bpp
　④ 原画と同等品質：1.50 − 2.0 bpp
　では，次に，個々の符号化モードについて述べる．

(1) シーケンシャル符号化モード
　シーケンシャル符号化モードは，画像表示の際に左上隅から右・下方向へ順次表示していくモードである．対象画像の精度と圧縮率の要求性能によって，同じシーケンシャル符号化モードにおいてもいくつかの実現手法がある．図2.10は，シーケンシャル符号化モードにおける実現手法の関連図である．この図からシーケンシャル符号化モードでも5種類の実現方法があることがわかる．というのは，画素サンプルを1つとっても8ビットサンプル精度と12ビッ

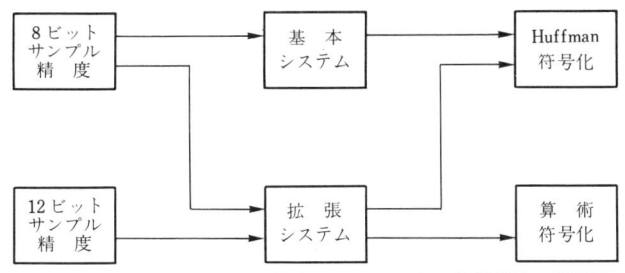

図 2.10 シーケンシャル符号化モードにおける実現手法の関連図

トサンプル精度がある．また，可変長符号化についても，標準的な Huffman 符号と，これより 10 %程度有利な算術符号が用意されている．

また，JPEG 基本エンコーダとデコーダの処理ブロック図を図 2.11 に示す．

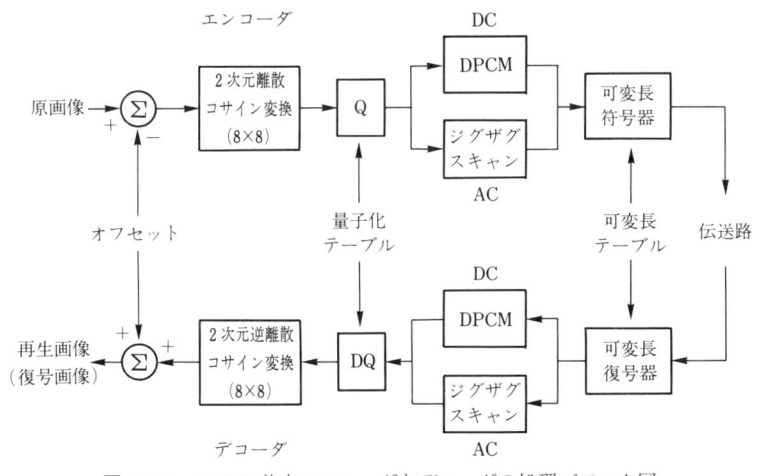

図 2.11 JPEG 基本エンコーダとデコーダの処理ブロック図

この図中における量子化テーブルを表 2.2 と表 2.3 に示す．量子化テーブルは，輝度と色差に各々利用される．

量子化された DCT 係数 S_{quv} は，式 (2.3) で表される．

$$S_{quv} = \text{Nearest integer} \left(\frac{S_{uv}}{Q_{uv}} \right) \tag{2.3}$$

このときの量子化換算図を図 2.12 に示す．

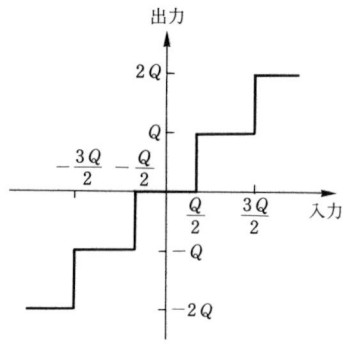

図 **2.12** JPEG の量子化換算図

表 **2.2** 輝度量子化マトリクス Q_{uv}

16	11	10	16	24	40	51	61
12	12	14	19	26	58	60	55
14	13	16	24	40	57	69	56
14	17	22	29	51	87	80	62
18	22	37	56	68	109	103	77
24	35	55	64	81	104	113	92
49	64	78	87	103	121	120	101
72	92	95	98	112	100	103	99

出典：©1993 ITU-T.

表 **2.3** 色差量子化マトリクス Q_{uv}

17	18	24	47	99	99	99	99
18	21	26	66	99	99	99	99
24	26	56	99	99	99	99	99
47	66	99	99	99	99	99	99
99	99	99	99	99	99	99	99
99	99	99	99	99	99	99	99
99	99	99	99	99	99	99	99
99	99	99	99	99	99	99	99

出典：©1993 ITU-T.

また，DC 係数から生成されるブロックは，人間視覚システムを適用することによって高画質化される．具体的には，DC 係数は 63 個の AC 係数と分離して扱われ，第一次予測によって差分符号化される．これを式 (2.4) と図 2.13 に示す．この図に示したように空間周波数が，左上隅から右下隅にいく

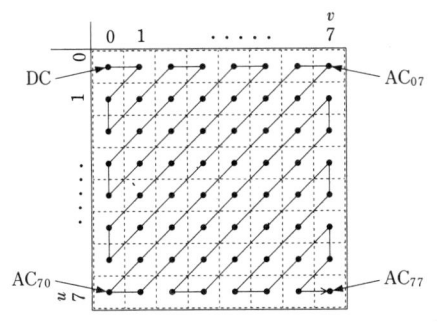

図 2.13 量子化後の DCT 係数のジグザグスキャン構造

に従って高くなっていく性質を利用すると便利なフォーマット化ができる．

$$\text{DIFF} = \text{DC}_i - \text{DC}_{i-1} \tag{2.4}$$

次にこのジグザグスキャンに従って DCT 係数をフォーマット化する際の DC 係数と AC 係数について割り当てられた分類を各々表 2.4 と表 2.5 に示す．

表 2.4 DC 係数に割り当てられた差分の分類

SSSS	DIFF 値
0	0
1	$-1, 1$
2	$-3, -2, 2, 3$
3	$-7 \cdots -4, 4 \cdots 7$
4	$-15 \cdots -8, 8 \cdots 15$
5	$-31 \cdots -16, 16 \cdots 31$
6	$-63 \cdots -32, 32 \cdots 63$
7	$-127 \cdots -64, 64 \cdots 127$
8	$-255 \cdots -128, 128 \cdots 255$
9	$-511 \cdots -256, 256 \cdots 511$
10	$-1023 \cdots -512, 512 \cdots 1023$
11	$-2047 \cdots -1024, 1024 \cdots 2047$

出典：©1993 ITU-T．

(2) プログレッシブ符号化モード

プログレッシブ符号化モードは，通信回線を介して画像データベースの検索を行う際などに便利なように，最初の表示で画面全体を粗く表示し，2 回

表 2.5 AC 係数に割り当てられた分類

SSSS	AC 係数
1	$-1,\ 1$
2	$-3,\ -2,\ 2,\ 3$
3	$-7\cdots-4,\ 4\cdots 7$
4	$-15\cdots-8,\ 8\cdots 15$
5	$-31\cdots-16,\ 16\cdots 31$
6	$-63\cdots-32,\ 32\cdots 63$
7	$-127\cdots-64,\ 64\cdots 127$
8	$-255\cdots-128,\ 128\cdots 255$
9	$-511\cdots-256,\ 256\cdots 511$
10	$-1023\cdots-512,\ 512\cdots 1023$

出典：©1993 ITU-T.

目，3回目と回を重ねるごとに，精細度を順次上げていく符号化方式である．この機能をフレキシブルに実現するために図 2.14 に示すような選択肢が用意されている．

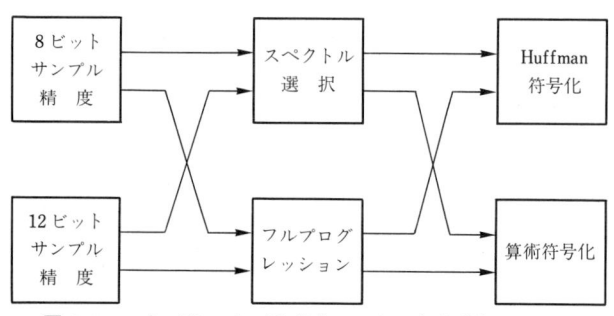

図 2.14 プログレッシブ符号化モードの実現手法の関連図

(3) ロスレス符号化モード

ロスレス符号化モードは，復号時に完全に情報が損なわれずに再生できる符号化モードを指す．このため DCT のような非可逆過程は適用できない．したがって，図 2.15 に示したような予測符号化とエントロピー符号化が中心となる．

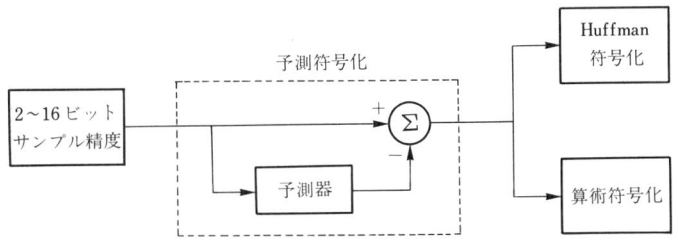

図 2.15 ロスレス符号化モードの実現手法の関連図

(4) 階層符号化モード

階層符号化モードは，これまで述べたシーケンシャル符号化，プログレッシブ符号化，およびロスレス符号化などを階層的に組み合わせた符号化モードである．組み合わせ次第で，様々な応用が可能である．

2.3 MPEG 1

MPEG（Moving Picture Experts Group，動画像符号化専門家会合）は，もともと 2.2 節で述べた JPEG と同じく ISO と IEC の合同技術委員会である JTC1 内の WG8 の中にある 1 つの作業グループの名前であった．MPEG は JPEG とともに発展し，その後，WG11 と WG1 に昇格した．この標準化作業グループの名前がそのまま国際標準のニックネームとなっている．正式規格番号は，ISO11172 である．

MPEG 1 は，もともと CD-ROM を中心とする蓄積メディアを対象とする動画像符号化規格として標準化作業に入った．圧縮率 1/20 から 1/30 程度をカバーするカラー動画像用の符号化規格であり，ビデオ CD を中心としたカラオケシステムなどの分野で普及している標準である．MPEG 1 は，先に述べた ITU-T H.261 と JPEG の技術を継承した内容となっている．

(1) ビデオ符号化アルゴリズム

MPEG 1 は，ITU-T H.261 と JPEG の技術を継承しているが，CD-ROM を中心とする蓄積メディアを対象とするため，以下に列挙する新たに取り入れられたのが，ランダムアクセス機能である．このため，フレーム間相関符号化を取り入れるが，一定フレーム数内に必ずイントラフレームを 1 枚含むということを規定している．ここで MPEG 1 での規定は，デコーダ（復号器）

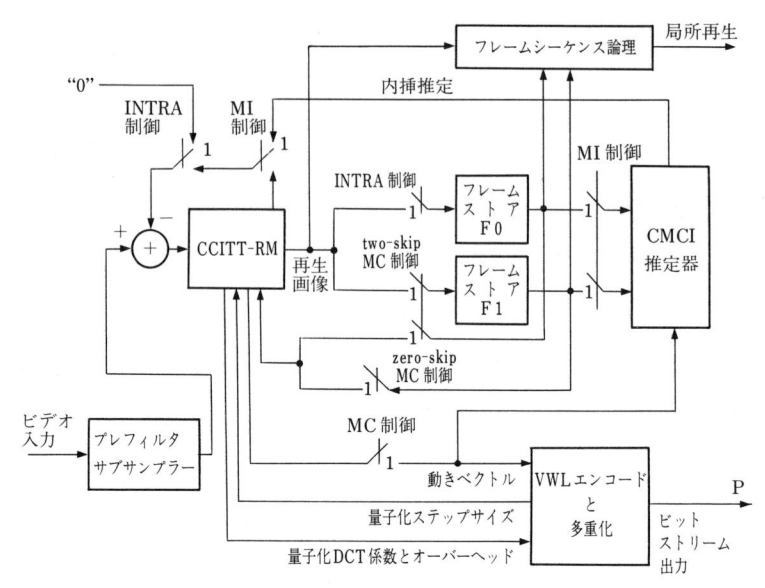

図 2.16　Puri らによって提案された MPEG 1 エンコーダのブロック図

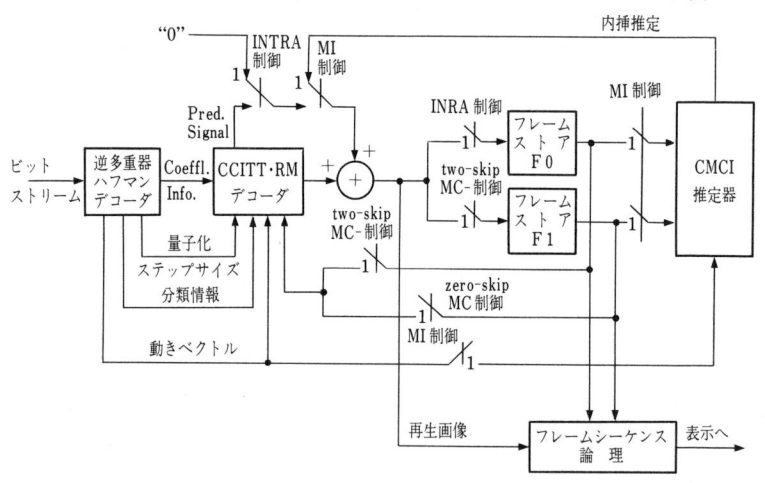

図 2.17　Puri らによって提案された MPEG 1 デコーダのブロック図

だけであり，エンコーダ（符号化器）の仕様は自由である．そこで，デコーダ規格の仕様を守れるエンコーダとしていくつかのものが提案されているが，Puri らによって提案された MPEG 1 エンコーダとデコーダのブロック図を各々図 2.16 と図 2.17 に示す．ここで，CCITT-RM は，前述の H.261 を標準化

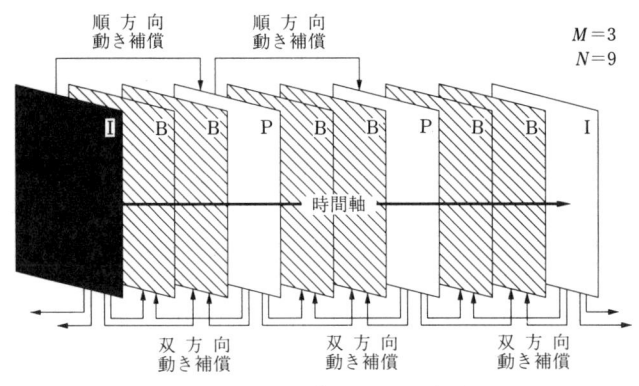

図 2.18 MPEG1 ピクチャ間の時間相関図

表 2.6 MPEG1 ビデオの解像度

		(NTSC) 525/30	(PAL) 625/25
輝度 (Y) 画素/画像	ITU-R	720×480	720×576
	SIF	360×240	360×288
	SPA	352×240	352×288
色素 (C_b, C_r) 画素/画像	ITU-R	360×480	360×576
	SIF	180×120	180×144
	SPA	176×120	176×144
フレームレート (Hz)		30	25

する過程で採用された RM(Reference Model) のことであり，また CMCI は，条件付き動き補償内挿のことである．

次に重要なのは，H.261 とは異なり，MPEG で初めて導入された双方向動き補償の考え方である．図 2.18 に示すようにフレーム内予測画面 (Intra frame coding picture) を I ピクチャ，前方向フレーム間予測画面 (Predictive Inter frame coding picture) を P ピクチャ，および双方向フレーム間予測画面 (Bi-directional Inter frame coding picture) を B ピクチャと呼ぶことにしている．この双方向予測の考え方は，後述の MPEG2 にも継承されている．

(2) 全体のデータ構造

MPEG1 の画面構造を規定するフォーマットを SIF(Source Input Format) と呼んでいる．その仕様は，表 2.6 に示すようにテレビジョンフォーマットの各々NTSC と PAL とに合わせている．この表から容易にわかるように SIF は，

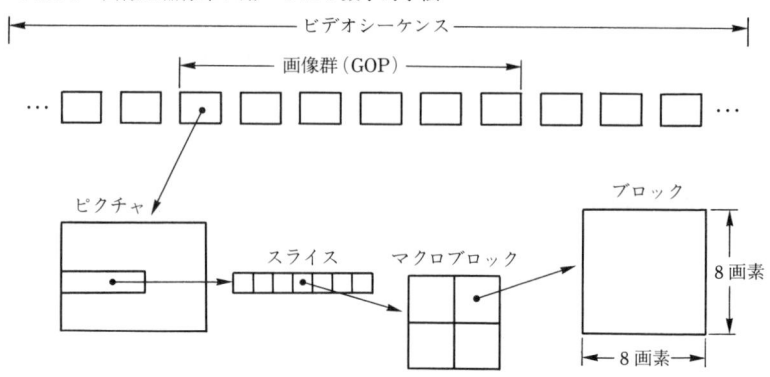

図 2.19　MPEG 1 ビデオのデータ構造

表 2.7　MPEG 1 ビデオの各レイヤの機能比較

レイヤ	機能
シーケンスレイヤ	1 つ以上の画像群
画像群レイヤ	シーケンスへのランダムアクセス
ピクチャレイヤ	基本的符号化単位
スライスレイヤ	再同期単位
マクロブロックレイヤ	動き補償単位
ブロックレイヤ	DCT 単位

ITU-R（放送品質用の規格）と比較してタテ・ヨコともに半分の解像度となっている．

次に，MPEG 1 で用いられる SIF 上の各レイヤの機能比較とデータ構造を，各々表 2.7 と図 2.19 に示すが，6 つのレイヤ構造となっている．この表でピクチャレイヤまでは H.261 と本質的に同様である．ただし，H.261 で用いられていた GOB レイヤの代わりに，より自由度の高いスライスレイヤが定義されている．そして，画像群（GOP：Group of Pictures，少なくとも 1 つの I ピクチャを含むようにした画像群）レイヤとシーケンシャルレイヤとは，新しく導入された概念である．

2.4　MPEG 2

MPEG 2 も MPEG 1 と同様に MPEG が規格案を作成してできたものである．しかし，これは，同じく ISO と IEC の合同技術委員会である JTC1 内の

WGの中にある1つの作業グループの最初の標準化作業MPEG1が大成功を収めたため，ITU-Tも同一規格とすることを決め，ATMを基本とした広帯域ネットワーク用の放送品質動画像符号化標準であるITU-T H.262とMPEG2とを共通テキストとすることとした．MPEG2は，MPEG1以上に発展し，これまでの通信，家電，コンピュータ業界に加えて放送業界から多くの参加を得て標準化作業が進行し，世界のディジタル放送の標準にも相次いで採用されるようになった．正式規格番号は，ISO13818である．

MPEG2は，CD-ROMを中心とする蓄積メディアを対象とする動画像符号化規格と違って，より高画質のディジタル放送やDVD(Digital Video Disc)への適用を目的としており，HDTV（高解像度テレビ）もその標準化対象となった．圧縮率1/20（現行TV品質）から1/80（HDTV品質）程度をカバーするカラー動画像用の符号化規格であり，日本国内ではディジタルCS放送やDVDですでに利用されており，またBS4後発機によるHDTV放送にもMPEG2の利用が計画されている．MPEG2は，先に述べたMPEG1の技術を継承・発展させた内容となっている．

(1) ビデオ符号化アルゴリズム

MPEG2は，MPEG1の技術を継承しているが，放送品質の高品質画像を対象とするため，表2.8に列挙する機能比較表に示したように，新たに取り入れられたのが，多様なビデオフォーマット，スケーラビリティ，および飛び越し走査（インタレーススキャン）の3つである．

ここで，ビデオフォーマットについては，4:2:0だけでなく，4:2:2と4:4:4のスタジオ品質ビデオフォーマットが導入されている．4:2:0と4:2:2とのビデオフォーマットの違いは図2.20に示すように輝度と色解像度の相違に関するもので，4:2:2とは，色についてはヨコ方向だけ輝度に比べて解像度が半分であることを示している．4:4:4は，全く同一である．

スケーラビリティとは，符号化列の一部を取り出しても復号可能であることを示している．SNR(Signal To Noise Ratio)スケーラビリティとは，量子化ステップの粗い符号化列とさらに精細化した符号化列とが階層構成になっている構造を示している．空間解像度の粗精度符号化列と高解像度符号化列との階層構造を，空間解像度スケーラビリティと呼んでいる．また，時間スケーラビリティとは，時間解像度の粗精度符号化列と高精度符号化列とを階層構

表 2.8 MPEG 1 と MPEG 2 との機能比較表

	MPEG 1	MPEG 2
ビデオフォーマット	SIF 順次走査	SIF, 4：2：0, 4：2：2, 4：4：4, 順次走査/飛び越し走査
画像品質	VHS	放送品質/スタジオ品質
ビットレート	可変 (≤ 1.856 Mbps)	100 Mbps まで可変
低遅延モード	<150 ms	<150 ms（B ピクチャなしの場合）
アクセス性	ランダムアクセス	ランダムアクセス/チャネルホッピング
スケーラビリティ		SNR, 空間, 時間 同時送信, データ分割
互換性		前方, 後方, 上方, 下方
伝送誤り	誤り保護	誤り耐性
ビットストリーム編集	あり	あり
DCT	飛び越し走査非対応	フィールド対応あるいはフレーム対応
動き補償	飛び越し走査非対応	フィールド, フレーム, デュアルプライム, 16×8MC（フィールド時のみ）
動きベクトル	P ピクチャ, B ピクチャに対する動きベクトルのみ	P ピクチャ, B ピクチャに対する動きベクトルだけでなく, 誤り隠しのためのコンシールメント動きベクトルを I ピクチャにも付与可能
DCT 係数スキャン	ジグザグスキャン	ジグザグスキャンと飛び越し走査ビデオのためのオルタネートスキャン

成にしたものである．図 2.21 に SNR スケーラビリティの例を示す．

　MPEG 2 の大きな特徴の 1 つは，飛び越し走査への対応である．これは，DCT と動き補償のときに効果を発揮する．

　さて，MPEG 2 エンコーダとデコーダのブロック図は，細部を除くと MPEG 1 の前節で示した各々図 2.16 と図 2.17 と原理的に同等である．フィールドモードを採用した時に動き補償と DCT 演算のブロック構成が変わるだけである．図 2.22 に 8×8 DCT 中におけるフレーム/フィールドブロック構成を示す．

　次に重要なピクチャ構成は，MPEG 1 で初めて導入された双方向動き補償の考え方を踏襲している．前節の図 2.19 に示すように I ピクチャ，P ピクチャ，および B ピクチャとで構成されている．この双方向予測の考え方に基づいている．

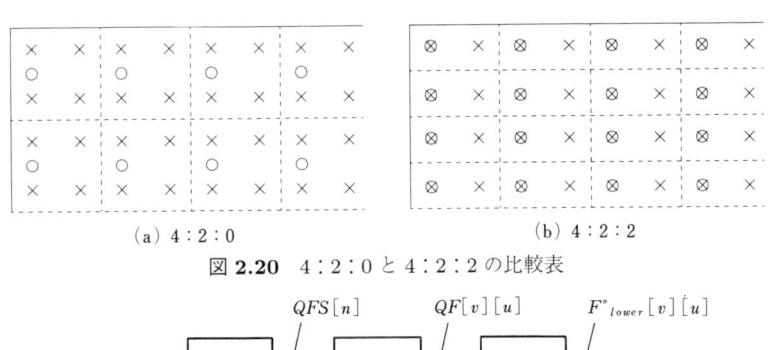

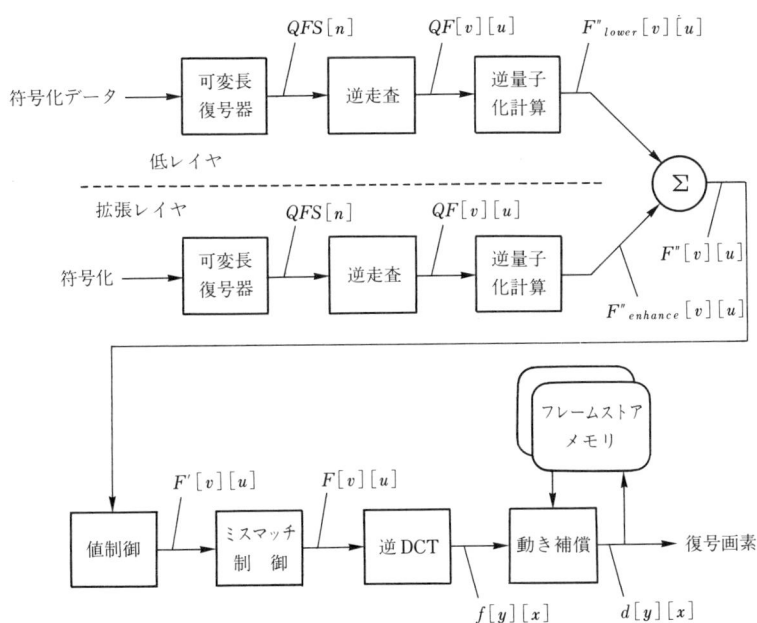

図 2.20 4:2:0 と 4:2:2 の比較表

図 2.21 SNR スケーラビリティの例

(2) 全体のデータ構造

MPEG 2 の画面構造を規定するフォーマットは，現行 TV のテレビジョンフォーマットである NTSC と PAL に準拠した Main Level が基本となっているが，MPEG 1 と同等の SIF をローレベルとして定義しているし，また，高解像度の HDTV をハイレベルとして規定している．このように，解像度に関してはレベルという名称で規定しているが，符号化ツールのセットはプロファイルとして規定している．このレベルとプロファイルの関係を表 2.9 に示す．本表から容易にわかるように MPEG 2 は，放送品質用の規格として全てをカ

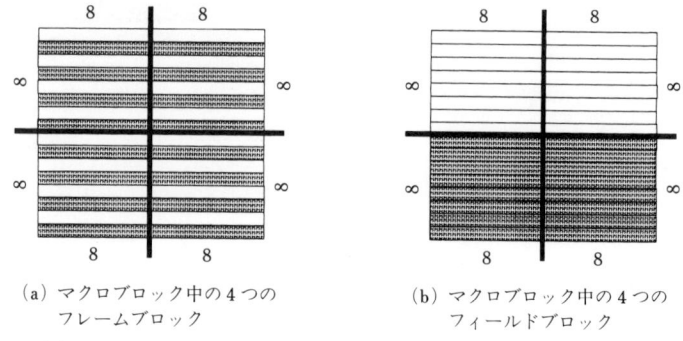

(a) マクロブロック中の4つの
　　フレームブロック

(b) マクロブロック中の4つの
　　フィールドブロック

図 **2.22** 8×8DCT 中におけるフレーム／フィールドブロック構成

バーした内容となっている．

次に MPEG 2 の各レイヤの機能であるが，基本的に前節の表 2.7 と図 2.18 に示す MPEG 1 で用いられる SIF 上の各レイヤの機能比較とデータ構造と同様の 6 つのレイヤ構造となっている．

(3) MPEG 2 の応用例 ATV

ATV(Advanced Television) プロジェクトは，アメリカ FCC（連邦通信委員会）が競争入札により策定した国家放送規格である．もともと日本のハイビジョンに対抗したものだったが，MPEG 2 仕様が世界に認められたため路線変更し，ビデオ標準としては MPEG 2 を採用し，オーディオ標準としては Dolby 研究所の AC-3 を採用している．また，変調方式には，Zenith 社が提唱した 8VSB（残留側帯波）方式が用いられることとなった．最終的に合意された方式を表 2.10 に示す．

本表の背景にある ATV の考え方としては，以下のような 4 層の階層構造がある．

① ピクチャレイヤ

HDTV については，720P（1280×720 順次走査）と 1080I（1920×1080 飛越し走査）の 2 つのピクチャフォーマットがあるが，このような画面仕様を規定するレイヤである．

② 圧縮レイヤ

所定の伝送速度（正味のデータ速度 18.4 Mbps）内において，MPEG 2 による画像圧縮を，また 384 Kbps で Dolby AC-3 によるオーディオの圧縮方式を

表 2.9 MPEG 2 ビデオのレベルとプロファイル

プロファイル	レベル	水平サイズ (pels)	垂直サイズ (pels)	フレームレート (Hz)	ビットレート (Mbps)	VBVサイズ (Mbits)	動きベクトル範囲 (pels)
シンプル	メイン	720	576	30	15	1.835	−128〜127.5
メイン	ロー	352	288	30	4	0.489	−64〜63.5
	メイン	720	576	30	15	1.835	−128〜127.5
	ハイ 1440	1440	1152	60	60	7.340	−128〜127.5
	ハイ	1920	1152	60	80	9.787	−128〜127.5
SNRスケーラブル	ロー	352	288	30	3 (4)	0.367 (0.489)	−64〜63.5
	メイン	720	576	30	10 (15)	1.223 (1.835)	−128〜127.5
空間スケーラビリティ	ハイ 1440	720 (1440)	576 (1152)	30 (60)	15 (40) (60)	1.835 (4.893) (7.340)	−128〜127.5
ハイ	メイン	352 (720)	288 (576)	30 (30)	4 (15) (20)	0.489 (1.835) (2.447)	−128〜127.5
	ハイ 1440	720 (1440)	576 (1152)	30 (60)	20 (60) (80)	2.447 (7.340) (9.786)	−128〜127.5
	ハイ	960 (1920)	576 (1152)	30 (60)	25 (80) (100)	3.036 (9.787) (12.233)	−128〜127.5

注：括弧内の数値は拡張レイヤを参照している．

規定するレイヤである．

③ トランスポートレイヤ

MPEG 2-TS（トランスポート・ストリーム）による，画像，オーディオ，およびデータの同期と多重化の方式を規定するレイヤである．

④ 伝送レイヤ

帯域 6 MHz の地上波放送チャネル内で，19.3 Mbps の伝送速度を実現するために，トレリス符号化 8-VSB 変復調方式について規定するレイヤである．

表 2.10　アメリカの次世代 ATV の仕様

画像パラメタ	フォーマット 1	フォーマット 2
有効画素	1280H×720V	1920H × 1080V
全サンプル数	1600H×787.5V	2200H × 1125V
フレームレート	60 Hz 順次走査	60 Hz インタレース
		30 Hz 順次走査
		24 Hz 順次走査
色差サンプリング	4：2：0	
アスペクト比	16：9	
データレート	10〜45Mbps または可変	
カラーリメトリ	SMPTE240M	
画像符号化タイプ	フレーム内符号化 (I)	
	予測符号化 (P)	
	双方向予測符号化 (B)	
画像リフレッシュ	I ピクチャ/順次走査	
ピクチャ構造	フレーム	フレーム/フィールド (60 Hz のみ)
係数走査	ジグザグ	ジグザグ，オルタネート
DCT モード	フレーム	フレーム/フィールド (60 Hz のみ)
動き補償	フレーム	フレーム/フィールド (60 Hz のみ)
		デュアルプライム（60 Hz のみ)
動きベクトル範囲	水平：シンタックス上無制限	
	垂直：−128, +127.5	
MV 精度	1/2 画素	
DC 係数精度	8 ビット，9 ビット，10 ビット	
レート制御	前方分析器を用いた	
フィルムモード処理	自動 3：2 プルダウン修正 TMS	
最大 VBV バッファサイズ	8 M ビット	
量子化マトリクス	ダウンロード可能（シーン依存)	
VLC 符号化	フレーム内とフレーム間のランレングス/振幅 VLC	
エラーコンシールメント	MC フレーム保存（スライスレベル)	
オーディオパラメタ		
チャネル数	5.1	
オーディオ帯域幅	20 kHz	
サンプリング周波数	48 kHz	
ダイナミックレンジ	100 dB	
圧縮データレート	384 Kbps	
トランスポートパラメタ		
多重化技術	MPEG 2 システムレイヤ	
パケットサイズ	188 バイト	
パケットヘッダ	4 同期を含むバイト	
サービス数		
−条件付アクセス	サービスベースのスクランブルされたペイロード	
−エラー処理	4 ビット連続カウンタ	
−優先順位付け	1 ビット/パケット	
システム多重化	多重プログラム能力	
伝送パラメタ	地上モード	高データレートケーブルモード
チャネル帯域幅	6 MHz	6 MHz
超過帯域幅	11.5%	11.5%
シンボルレート	10.76 Mbps	10.76Mbps
シンボル当たりビット数	3	4
トレリス FEC	2/3 レート	なし
リードソロモン FEC	(208, 188) $T = 10$	(208, 188) $T = 10$
セグメント長	836 シンボル	836 シンボル
セグメント同期	4 シンボル/seg	4 シンボル/seg
フレーム同期	1/313seg	1/313seg
ペイロードデータレート	19.3 Mbps	38.6 Mbps
NTSC 共用チャネル拒否	NTSC 拒否	N/A
	受信器内フィルタ	
パイロットパワーコントリビューション	0.3 dB	0.3 dB
C/N スレッショルド	14.9 dB	28.3 dB

2.5 MPEG 4

　MPEG 4 は，2.3 節，2.4 節で述べた MPEG 1 と MPEG 2 との後継国際標準のニックネームであり，MPEG 3 は欠番となっている．正式規格番号は，ISO14496 である．

　MPEG 1 は，もともと CD-ROM を中心とする蓄積メディアを対象とする動画像符号化規格であり，MPEG 2 は，放送にも適用可能な高品質動画像符号化規格として標準化作業を行った．当初，現行 TV 品質を MPEG 2，また HDTV 品質を MPEG 3 として考えていたが，MPEG 2 と MPEG 3 とは同一方式による圧縮が可能ということとなり当初の MPEG 3 の役割は，MPEG 2 が果たすこととなった．そして，1993 年に次の挑戦としてスタートした MPEG 4 の目的は，携帯電話やアナログ電話などの低ビットレート回線を前提としたものとなった．また，インターネットの普及は，この MPEG 4 の標準化作業を促進することとなった．そこで，MPEG 4 とは，コンピュータのための動画像符号化規格として位置づけることができる．MPEG 4 は 1998 年 5 月に最終仕様が固まったが，圧縮ツールは既存の MPEG 1，MPEG 2 および ITU-T H.263 に使われているものが基本になっている．ただ，これまでの規格と大きく異なっているのは，画像の表示単位をオブジェクトとして定義し，これらを重ね合わせ表示するところである．これらの複数のオブジェクトを重ね合わせ表示することで，1 つのシーンが構成可能である．したがって，各オブジェクトに関するデータは，形状と透明度の情報をもっている．また，従来の自然画像や自然オーディオだけでなくコンピュータグラフィックスの利用が可能となっている．

(1) 要求仕様とアプリケーション

　自然ビデオと合成映像との両方を扱えるのが MPEG 4 の大きな特徴であるが，考え方を明確にするために各々の要求仕様について，表 2.11 と表 2.12 に簡単にまとめる．要求仕様は，画像圧縮アルゴリズムを標準化する上での枠組みを規定したものである．このような要求仕様をまとめる背景には，MPEG 4 で想定されているアプリケーションがある．標準化会合で話題に上ったアプリケーションとしては，アナログ電話回線を用いたテレビ電話，携帯端末用テレビ電話・動画情報配信，インターネット，放送，電子図書館などがあっ

た．また，これらのアプリケーションを実現するために MPEG 2 でも用いられた，後で述べるプロファイルという概念を導入している．

表 2.11 MPEG 4 自然ビデオの要求仕様

要求項目	内容
オブジェクト機能	任意形状オブジェクトによるシーン構成機能
ランダムアクセス	オブジェクト単位
自由度	オブジェクト数，時間・空間解像度，形状精度，などが可変
映像フォーマット	各種映像フォーマット，8×8～2048×2048 まで自由に対応
伝送速度の目安	低：< 64 Kbps，中：64～384 Kbps，高：384 K～4 Mbps

表 2.12 MPEG 4 合成映像の要求仕様

要求項目	内容
オブジェクトタイプ	任意オブジェクトに対応したシーン構成，テキスト，2D および 3D，静止，アニメ，など
メッシュ圧縮	2D/3D 頂点位置，法線，座標，トポロジーの符号化 とダウンロード機能
アニメパラメータ	face，body の定義およびアニメパラメータの圧縮機能
テキスト重ね合わせ	単独，独立，階層化，ビットマップ，国際標準文字セットなど
テキスチャマッピング	2D/3D メッシュへの貼り付け機能
映像/グラフィックス	自然画像，グラフィックス単独・独立，アニメ，階層化重ね合わせ，オブジェクトマニュピレーション

(2) プロファイル

プロファイルは，想定されるアプリケーションを実現するツールセットの規定である．また，レベルはその品質である．ここでもやはり自然画像と合成映像用に 2 つのプロファイルとレベルとが用意されているが，これらを表 2.13 と表 2.14 に示す．また，これらの表には，各々，最大参照メモリサイズ，および量子化モード，最大画素数，最大デコード時間についての目安が記述されている．

(3) ビデオ符号化アルゴリズム

MPEG 4 の画像符号化に関する部分は，ビジュアルパートと呼ばれており，符号化する対象を映像オブジェクトと呼ぶ．そして，この映像オブジェクト

表 2.13 MPEG 4 自然ビデオのプロファイルとレベル

プロファイル	レベル	画面サイズ	最大オブジェクト数	最大マクロブロック数	最高ビットレート
N ビット	L2	CIF	16	23760	2Mbps
メイン	L4	1920×1088	32	489600	38.4 Mbps
	L3	ITU BT.601	32	97200	15 Mbps
	L2	CIF	16	23760	2 Mbps
	L1	QCIF	未定	未定	未定
コア	L2	CIF	16	23760	2 Mbps
	L1	QCIF	4	5940	384 Kbps
シンプル・スケーラブル	L2	CIF	4	23760	256 Kbps
	L1	CIF	4	7425	128 Kbps
シンプル	L3	CIF	4	11880	384 Kbps
	L2	CIF	4	5940	128 Kbps
	L1	CIF	4	1485	64 Kbps

表 2.14 MPEG 4 合成映像プロファイルとレベル

プロファイル	レベル	最大オブジェクト数	最大ノード数	最高ビットレート
階層テキスチャ	L1	未定		
シンプル顔アニメ	L1	1		16 Kbps
	L2	4		32 Kbps
基本アニメ二次元テキスチャ	L2	4mesh	480/mesh	64 Kbps
	L1	8mesh	1748/mesh	128 Kbps
シンプル・スケーラブル	L2	4mesh	480/mesh	64 Kbps
	L1	8mesh	1748/mesh	128 Kbps

について,符号化・復号方式についての仕様を規定するものである.映像オブジェクトには,先に述べたように自然画像とコンピュータグラフィックス画像とがあるが,自然画像では矩形画像と任意形状画像とに対応可能である.

MPEG 4 では,自然画像を VO(Video Object) と呼称しており,VO ごとに各時刻に撮影した VOP(Video Object Plane) から構成される.なお VO は,形状とテキスチャとに分けて符号化する.

矩形形状 VO 符号化は従来型符号化であり,先述 H.263 と MPEG 2 との要素技術を取り入れている.特に,H.263 とは後方互換性を備えている.MPEG 4

におけるH.263と比較した特徴は，画像タイプ，画面内予測，画面間予測，動き補償，動きベクトル，量子化方法，インタレース対応，係数範囲について改良が加えられていることである．中でも，画像タイプにIPBS（Sは，スプライト）の4種類あることと，動き補償を16×16だけではなく，8×8のブロックサイズにも対応しているところが大きな違いである．

ここで，8×8ブロックによるOBMC（Overlap Block Motion Compensation，オーバーラップブロック動き補償）は，図2.23に示すように，隣接ブロックの動きベクトルによる補償画素値との間で重み付け平均を求めることで予測する方式である．本図中において，Z は対象ブロック，R_1 と R_2 は垂直隣接ブロックの動きベクトルによる補償であり，S_1 と S_2 は垂直隣接ブロックの動きベクトルによる補償である．これらの動き補償によって予測ブロックは，P, Z, R, S, H の各成分について式(2.5)から求められる．

$$p(i,j) = [z(i,j) \cdot h_0(i,j) + r(i,j) \cdot h_1(i,j) + s(i,j) \cdot h_2(i,j) + 4]/8 \qquad (2.5)$$

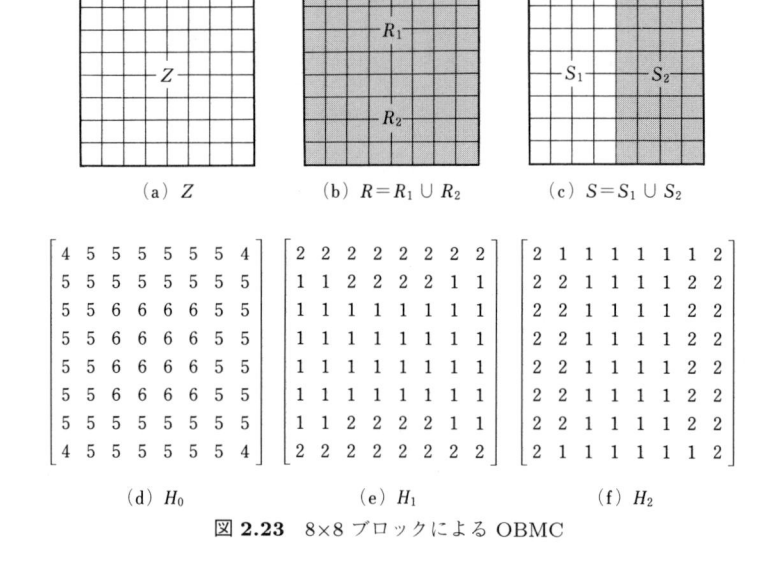

(a) Z　　(b) $R = R_1 \cup R_2$　　(c) $S = S_1 \cup S_2$

(d) H_0　　(e) H_1　　(f) H_2

図 2.23　8×8ブロックによるOBMC

また，MPEG 4 VO 符号化の特徴の1つであるスプライト符号化は，ビデオゲームやインターネット上のコンテンツ表現に有用である．これは，背景分離を行って抽出されたVOを幾何変換してVOPごとに符号化するもので

ある．幾何変換には，静止，平行移動，アフィン変換，および平面透視変換の4種類が用意されている．

任意形状 VO 符号化は，対象物体単位の符号化で，画素値，形状，および透過度（CG 分野ではアルファデータと呼ぶ）情報に分けて符号化を行う．なお，任意形状 VO の生成法としては，自然画像からの背景分離，自然画像からの切り出し，CG，およびアニメとがある．また生成後自然画との重ね合わせ時に VOP 境界との不連続性，特に高周波成分除去のために VOP 境界マクロブロック処理として，ベクトルパディング処理を行う．

コンピュータ・グラフィックス画像との親和性を確保するために MPEG 4 では，以上に述べた VO 符号化に加えて以下のような3つの手法を取りいれている．

第1にテキスチャ符号化に Wavelett 符号化を採用し，スケーラビリティを確保．

第2に3角形要素によるメッシュ符号化を行い，頂点座標の移動量表現法を採用．

第3に顔モデルを表す FDP(Facial Definition Parameter) と動きを表す FAP (Facial Animation Parameter) による符号化法を採用．

以上に述べたように MPEG 4 は，原理的には MPEG 1, 2, H.263 などと自然画処理の数学的基礎は共通しているが，CG 的な要素が入り，よりソフトウェアによる処理を想定しているところに新しさがある．

Part 3
音声圧縮標準に用いられる数学的手法

3.1 ITU-T の音声符号化方式の勧告

3.1.1 概略

ITU-T における音声符号化アルゴリズムの勧告は G シリーズの 700 番台となっており，G.711, 722, 723.1, 726, 727, 728, 729[1]〜[9] がある．

G.711 は，1972 年に勧告された対数圧縮伸張による PCM (Pulse Code Modulation) 量子化法であり，13 ビットの均一量子化 PCM 信号を 8 ビットに圧縮する．G.726 は，40, 32, 24, 16 kbit/s 可変ビットレート適応差分量子化法 (ADPCM, Adaptive Differential PCM) である．ADPCM は，線形予測 (LPC, Linear Predictive Coding) 誤差の分散が元の信号の分散に比べ小さいことを利用し，また，量子化幅を誤差レベルに追従させる瞬時圧伸量子化器を用いる．G.727 は，5, 4, 3, 2 ビットの量子化精度を選べる可変レート ADPCM であり，符号化データの一部を後で除いても，より低いレートで正常に復号できるという特徴がある．

G.722 は，7 kHz 帯域のオーディオ信号を 64, 56, 48 kbit/s で符号化するサブバンド ADPCM 符号化方式であり，G.722.1 は，G.722 のビットレート半減をねらった 32, 24 kbit/s 方式である．

G.723.1 は 4 kbit/s 方式を勧告するまでの暫定方式として，PSTN(Public Switched Telephone Network) ビジュアル電話（現行のアナログ電話網でモデムを用いる方式）用に急遽勧告された．品質は商用電話品質よりやや劣る程度

とされているが，正式な評価結果はない．6.3 kbit/s の MP-MLQ(Multi-Pulse Maximum Likelihood Quantizing) 方式と 5.3 kbit/s の ACELP 方式からなる．

G.728 LD-CELP(Low-Delay Code Excited Linear Prediction) 方式は，今日の中低レート CELP 符号化方式全盛の時代を招いた．16 kbit/s でエコー制御の不要な短遅延時間，かつ，商用電話品質の達成という点で画期的であったため，それ以降の ITU 勧告，地域無線電話標準等に大きな影響を与えた．ハイブリッド窓，聴覚重み付け，VQ ターゲット計算，バックワード LPC 等，興味深く，また，その後の標準に取り入れられる技術が使われているので，これらを本文で解説する．

G.729 CS-ACELP(Conjugate-Structure Algebraic CELP) 方式は今日，最も低いレート (8 kbit/s) で商用電話品質を実現している．短いフレーム (10 ms) の中で，フォワード型のピッチ予測，LSP (Line Spectrum Pair) を用いた LPC 係数の効率的量子化，代数コード励振，共約ゲインベクトル量子化等，特徴あるアルゴリズムを用いるので，これらを本文で解説する．G.729 は，その後拡張され，本体と相互接続可能で演算量の小さい Annex A，無音圧縮機能を含む Annex B，浮動小数点演算記述の Annex C，可変レートの Annex D(6.4 kbit/s)，Annex E(11.8 kbit/s) が勧告に含まれた．

3.1.2　G.711 対数圧伸 PCM

音声信号のレベル分布は，負の指数関数となることが知られており，実効値 σ の信号の確率密度関数 $p(x)$ は，式 (3.1) のように近似的に表される．

$$p(x) = \frac{1}{\sqrt{2}\sigma} e^{-\frac{\sqrt{2}|x|}{\sigma}} \tag{3.1}$$

そこで，量子化幅 $\triangle x$ を信号の振幅に比例させて，出現頻度の高い低レベル信号に SNR が保たれるように工夫された．聴覚的にも，量子化雑音の知覚はマスカーである入力信号のレベルに依存するので，広いダイナミックレンジにわたって一定の SNR が保たれることが重要である．$\triangle x$ を対数圧縮関数 $f(x)$ を用いて，式 (3.2), (3.3) のように表す．

$$\triangle x = k/f'(x) \tag{3.2}$$

$$f(x) = \text{sign}(x) \frac{\ln(1+\mu|x|)}{\ln(1+\mu)} \tag{3.3}$$

3.1 ITU-T の音声符号化方式の勧告　69

このとき，量子化誤差電力 N は，振幅 V の入力信号の $p(x)$ を用いて，式 (3.4) で表される．

$$N = \frac{1}{12}\int_{-V}^{V}(\triangle x)^2 p(x)dx \qquad (3.4)$$

以下，$\triangle x$ を代入して変形すると，式 (3.5) となる．

$$N = \frac{k^2}{12}\frac{\ln^2(1+\mu)}{\mu^2}\left(\int_{-V}^{V}p(x)dx + \frac{2\mu}{V}\int_{-V}^{V}|x|p(x)dx + \frac{\mu^2}{V^2}\int_{-V}^{V}x^2 p(x)dx\right) \qquad (3.5)$$

ここで，$k^2/12$ が均一量子化の雑音電力を表すので，以降の項が圧伸による効果を示している．$p(x)$ を代入して数値計算すれば，所定のレベルの N が得られる．

ITU（当時は CCITT）における標準化においては，北米，日本が $\mu = 255$ として，13 ビット精度を 15 折れ線で近似した圧縮関数を用いることを主張し，他方，ヨーロッパは類似の対数圧縮関数ながら，12 ビット精度の A 則と称する関数を用いる主張をしたため，勧告 G.711 は両方式を併記したものになった．相互変換は変換表の参照により可能であるが，量子化雑音が増加するのは避けられない．

3.1.3　G.726 適応 DPCM 符号化

32 kbit/s の ADPCM 方式が G.721 としてはじめに勧告化され，後に 16, 24, 32, 40 kbit/s の可変レート ADPCM 方式 G.726 に統合された．G.721 は，回線コストの高い長距離，国際回線への適用を主目的に開発され，ディジタル回線多重化装置 (DCME, Digital Circuit Multiplication Equipment) G.763 の音声符号化に利用されている．16, 24 kbit/s への拡張は，DCME の運用を柔軟にする要請から行われた．16, 24 kbit/s では商用電話品質を満たさないため，回線輻輳を避けつつ通話を確保する目的で一時的に使用される．40 kbit/s は，主にモデム対応で使用され，32 kbit/s では対応が困難な，9.6 kbit/s 以上のモデム信号を通すことができる．

符号化方式の構成は図 3.1 に示すもので，ジャイアント・グッドマンの瞬時圧伸量子化器と 2 極 6 零型適応線形予測器からなっている．圧伸則はサンプルごとに動作し，現時点の符号 $I(k)$ と量子化幅 $r(k)$ から，「数表の参照に

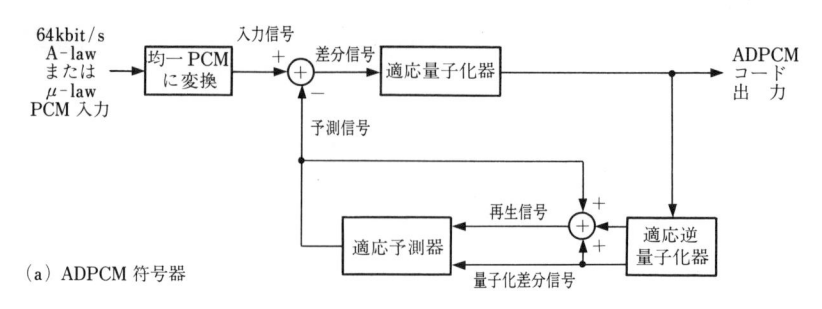

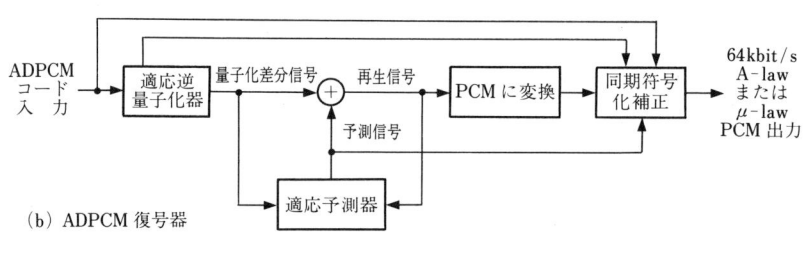

図 3.1 (a) ADPCM 符号器, (b) ADPCM 復号器 — 符号化方式の構成

より」次時点の量子化幅 $r(k+1)$ を次式 (3.6) のように決定する．

$$r(k+1) = r(k)^{(1-\varepsilon)} M(I(k))^{\varepsilon} \tag{3.6}$$

$\varepsilon = 10^{-5}$ は，伝送誤りに備える漏洩定数である．参照表 $M(I(k))$ は，線形予測残差の量子化誤差の統計的性質を反映して設計されている．線形予測は 2 次の極型と 6 次の零型を併用して，安定性を重視している．予測係数の適応化は極性相関を用いる簡易グラディエント法によっており，予測利得よりも低演算負荷・高安定を目指している．その他，モデム信号への対処，同期タンデム接続時の劣化防止等の工夫が凝らされている．

3.1.4　G.727 エンベデッド ADPCM 符号化

勧告 G.765 の PCME(Packetized Circuit Multiplex Equipment) は，AT&T が開発したパケット回線多重化装置である．この端末装置は，符号化音声をパケットデータとして扱い非同期で伝送する．G.727 は，G.726 の ADPCM アルゴリズムをもとに，PCME 向きにエンベデッド特性を加えた 5, 4, 3, 2 ビット ADPCM 符号化方式である．エンベデッド方式の特徴は，送信側に通知しない，ネットワークでのパケット廃棄を可能にしていることである．符号化

時に 5, 4, 3, 2 ビットのいずれのビット数で符号化されていても，受信側に最低限，コアの 2 ビットが到着すれば，受信ビット数に相応の品質に復号できる．PCME はトラヒック負荷に応じてコアビット以外のビットを廃棄しても一応の通話品質を維持できるため，柔軟な運用が可能となる．符号化方式の構成は，G.726 符号器の局部復号部のフィードバックパスにビットマスキングを加え，コアの 2 ビットのみを使い，それ以上のビットを無視する．復号器でも，フィードバックループの逆量子化部にビットマスキングを施すので，コアビットが正しく伝送されていれば符号器と復号器の内部状態は一致する．

3.1.5　G.722 64 kbit/s 以下の 7 kHz オーディオ符号化

G.722 は，16 kHz サンプリング，14 ビット均一 PCM のオーディオ信号を 64, 56, 48 kbit/s で符号化する．主な用途は，遠隔会議，テレビ電話，AM 放送中継等である．通話帯域は，50〜7 kHz である．方式構成は帯域分割 ADPCM であり，直交ミラーフィルタ (QMF: Quadrature Mirror Filter) により，4 kHz を境界として高域と低域の 2 つのサブバンドに分割し，各サブバンドで ADPCM 符号化を行う．低域は，6, 5, 4 ビット量子化のエンベデッド符号化であり，コアの 4 ビットがバックワードループで使われる．64 kbit/s チャネルで低域 5, 4 ビット量子化時は 8, 16 kbit の補助情報を伝送することができる．エンベデッド構成により，64 kbit/s で符号化後，補助情報を挿入し 56, 48 kbit/s で復号しても過度の品質劣化は起きない．ADPCM の構成は，詳細な定数を除けば G.726 と同一の，ジャイアント・グッドマン瞬時圧伸量子器と 2 極 6 零型適応線形予測器からなっている．QMF は，24 タップの非巡回型低域フィルタを用いて，符号化器で帯域を分割，サンプル周波数を半減し，復号化器では周波数の倍増と帯域統合を行っている．

3.1.6　G.722.1 24 および 32 kbit/s 7 kHz オーディオ符号化

3.1.6.1　概要

G.722.1 オーディオ符号化方式は，16 kHz サンプリング，14 ビットのリニア PCM 信号を入出力とし，24, 32 kbit/s で 50〜7 kHz 帯域のオーディオ信号を符号化する．当初は，G.722 の品質を低下することなく，ビットレートを半減することを意図して企画された．しかし，各国語音声と各種音楽を用いて複数回実施された品質評価の結果，あらゆる種類の入力信号についてビッ

トレートを半減することは困難であると認識された．そこで現実解として，室内反響音の混じるハンドフリー電話，遠隔会議等や，定常区間の長い音楽信号への適用を主目的とする勧告が作られた．方式は，先読み 20 ms を伴う 20 ms ($N = 320$ サンプル) のフレーム構成で，50%の重なりをもつ 40 ms 窓の DCT(Discrete Cosine Transform) を採用している．アルゴリズム遅延時間は 40 ms である．勧告記述の詳細は ANSI-C によっている．提案者による実現例では，符号化・復号処理に約 17 MIPS 要するのみであるとされ，演算量の小さいことが大きな特徴である．

3.1.6.2 符号化器の構成

符号化器の構成を図 3.2 に示す．入力信号は 40 ms($2N$ サンプル) 窓の MLT (Modulated Lapped Transform) により，周波数領域の MLT 係数に変換される．ここで使われる MLT は，変換・逆変換において完全に可逆的であり，いわゆる MDCT と等価である．MLT は，$0 \leq m < N$ について，式 (3.7) による．

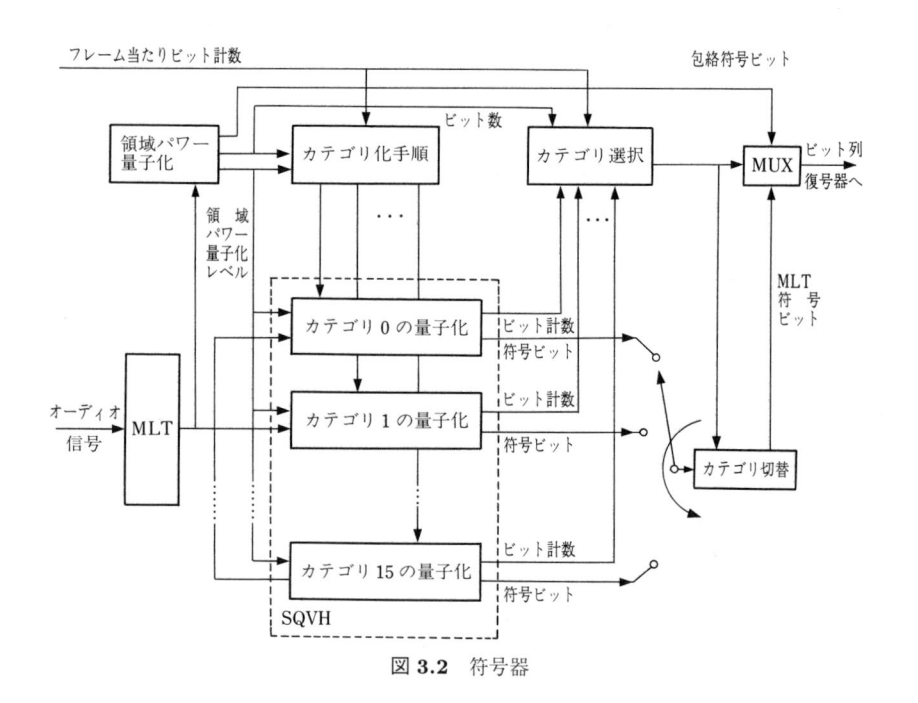

図 **3.2** 符号器

$$mlt(m) = \sum_{n=0}^{2N-1} \sqrt{\frac{2}{N}} \sin\left(\frac{\pi}{2N}(n+0.5)\cos\left(\frac{\pi}{N}(n-\frac{N}{2}+0.5)(m+0.5)\right)\right) x(n)$$

(3.7)

MLT 係数の量子化のために,スペクトラム包絡をまず計算し量子化する.周波数成分を 500 Hz 帯域のサブバンド(以下リージョンと呼ぶ)で取り扱い,7 kHz 帯域を第 0 から第 13 のリージョンに等分割し,各リージョンで実効値を求める.1 リージョンには,20 の MLT 係数が含まれる.7〜8 kHz のリージョンの MLT 係数は無視する.包絡特性によって決まる「カテゴリ化」手順により,リージョンごとに MLT 係数を量子化する.カテゴリ化手順では,各リージョンを 8 つのカテゴリに分類する.カテゴリごとに,あらかじめリージョン当たりの予定コードビット数が 52 ビット(カテゴリ 0)から,0 ビット(カテゴリ 7)まで決まっている.包絡特性に応じて,各リージョンにカテゴリを割り振るが,割り振り方の候補(カテゴリ化)16 種類を手順により発生する.最終的に伝送されるのは,このうち総ビット数の条件を満たす 1 つの候補である.

各リージョンでは,20 の MLT 係数を 4 つの 5 次元ベクトルに分割して量子化する.ハフマンコードを使うため,実際に必要なビット数は各カテゴリ化において量子化を実施してから明らかになる.量子化手法は SQVH(Scalar Quantized Vector Huffman) 符号化と呼んでいる.

3.1.6.3 復号器

復号器には,量子化された包絡特性情報,カテゴリ化情報(4 ビット),および,SQVH 符号化された MLT 情報が与えられる.包絡情報をもとに,カテゴリ化手順は符号化とまったく同一にたどられ,16 の候補が生成される.カテゴリ化情報から,選択された 1 つのカテゴリ化候補が選ばれ,各リージョンのカテゴリが決まり,SQVH 復号が行われる.

3.1.6.4 性能

提案元によれば,市販の DSP を用いて約 17 MIPS の演算量で実現され大変簡易である.品質は,一般的な楽器演奏や歌曲,背景雑音や残響音を伴う音声では,G.722 のビットレート半減が実現され高品質である.しかし,クリーン音声など過渡的入力信号にはやや残響感を付加した印象があるため,用途

を限定した勧告となっており，G.722 の完全な置き換えは期待できない．

3.1.7 G.723.1 マルチメディア通信デュアルレート音声符号化

G.723.1 は超低ビットレートテレビ電話 H.324 の音声符号化方式として，緊急に勧告化された．遅延時間の長い映像符号化に付随して使用するため，フレーム長は 30 ms と音声符号化方式としては長めであり，さらに LPC 分析のための先読みに 7.5 ms をとるため，アルゴリズム遅延時間は 37.5 ms である．片方向遅延時間は，これに符号化・復号化処理時間，伝送時間，多重化に関わるバッファリング時間等が加算され通常 100 ms 以上となるため，エコー制御装置の併用が必要である．G.723.1 は，緊急勧告化という経緯から，2つのアルゴリズム提案を加えた形となっており，6.3 kbit/s の MP-MLQ(Multi-Pulse Most Likelihood Quantization) と 5.3 kbit/s の ACELP を切り替えて使用する．アルゴリズム記述の詳細は ANSI-C コードによるビットイグザクトな固定小数点演算である．また，勧告本体の他に VAD(Voice Activity Detection)，CNG(Comfort Noise Generator) を記述する Annex A，PC，WS 上で動作させるのに好都合な浮動小数点演算記述を示す Annex B，マルチメディア移動通信への応用に使用するチャネル符号化を記述する Annex C が追加された．

3.1.8 G.728 LD-CELP 符号化

3.1.8.1 概要

LD-CELP は図 3.3，図 3.4 の符号器と復号器からなる．基本構造は CELP であり，合成による分析 (AbS, Analysis by Synthesis) を用いて励振ベクトルを探索する．遅延時間を短くするため，合成フィルタと利得予測にバックワード適応化を利用し，陽に伝送するのは励振コードブックの指標のみである．アルゴリズム遅延はベクトルサイズ（次数）である 5 サンプル (0.625 ms) のみである．

3.1.8.2 LD-CELP 符号器

符号器の説明のため，以下のように用語を使う．
(1) サンプル番号を k とする．サンプリング周期は 125 μs である．
(2) 5 サンプルの組（1 ブロック単位）をベクトルと呼び，ベクトル番号を n とする．
(3) 4 つの連続するベクトルで 1 つの適応化周期（フレーム）を構成す

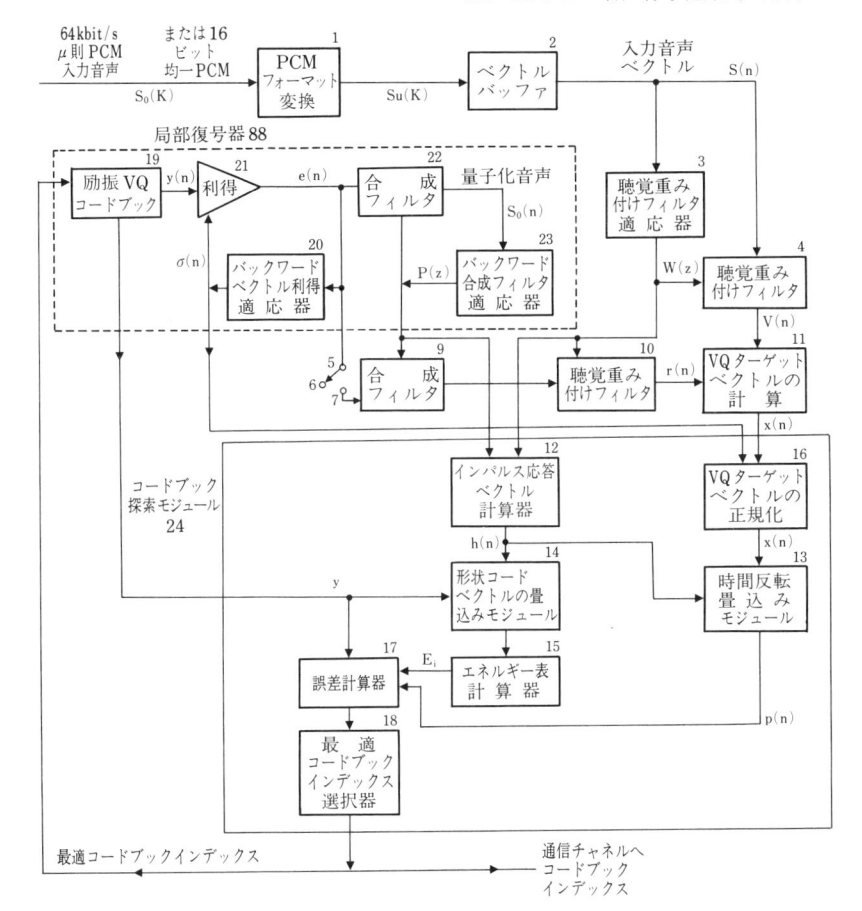

3.1 ITU-T の音声符号化方式の勧告   75

図 3.3　LD-CELP 符号器

る．1 フレームは 2.5 ms，20 サンプルである．

符号化入力信号の精度は 13 ビットとし，仮に入力データが 16 ビットの整数であるときは，8 で除算（右 3 ビットシフト）する．一つのベクトルに対し，1024 個のコードブックベクトル候補を利得調整と合成フィルタに通し，その結果のベクトルと入力信号を比較し，聴覚重み付けされた二乗平均誤差が最小となるものを探索する．

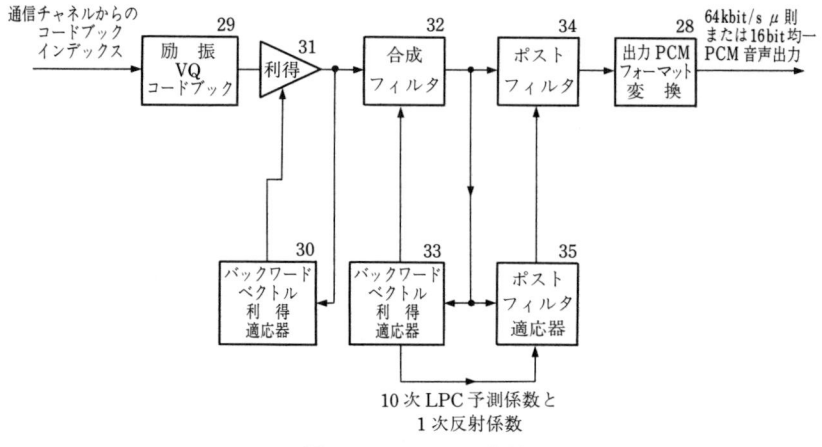

図 3.4 LD-CELP 復号器

3.1.8.3 LD-CELP 復号器

復号もベクトル単位に行う．受信した 10 ビットの指標から励振ベクトルを抽出し，利得調整と LPC 合成を行う．聴感品質向上のため，適応ポストフィルタを使用する．

3.1.8.4 聴覚重み付けフィルタと適応器

歪みが最小となる励振ベクトルを探索するが，単に最小二乗誤差を適用すると，一般にエネルギーが低音域に偏った音声では，低音のみの歪が小さな励振ベクトルが選ばれ，聴感上の品質は良くない．そこで，音声のスペクトル包絡に応じた重み付けを行うため，LPC フィルタを AR 形式で表し，その打ち消し成分を MA 形式で表し，重み付けを行う．原入力音声の LPC 分析に基づきフレームごとにフィルタ係数を算出する．入力音声から，ハイブリッド窓掛け，レビンソンダービン再帰法モジュールを通って LPC 係数を求める．はじめに，(1) ハイブリッド窓掛けモジュール，(2) レビンソンダービンモジュールについて述べる．

3.1.8.5 ハイブリッド窓掛けモジュール

ハイブリッド窓掛けモジュールは，聴覚重み付け，バックワード LPC，バックワード利得予測の 3 種にそれぞれ用いられるので，一般的に説明する．

L サンプルのフレームごとに LPC 分析を行うとすると，窓は L ごとにシ

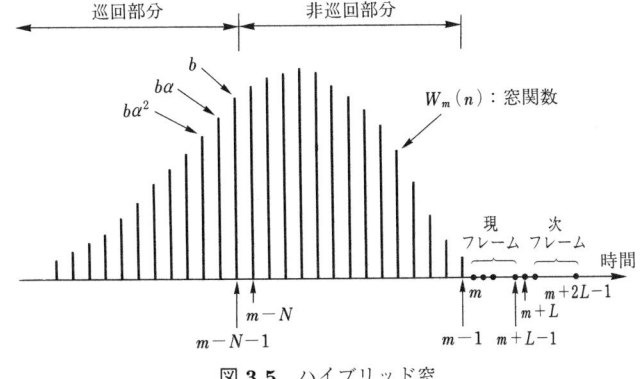

3.1 ITU-T の音声符号化方式の勧告 77

図 3.5 ハイブリッド窓

フトする．図 3.5 に示すように，窓は N サンプルの非巡回部分と，それよりも過去の巡回部分からなる．巡回部分は，指数関数的に減衰することを利用して次フレームで再利用できるためこう呼ぶ．時刻 m における窓関数 $w_m(k)$ を式 (3.8) に定義する．

$$w_m(k) \begin{cases} f_m(k) = b\alpha^{-(k-(m-N-1))}, & k \leq m-N-1 \\ g_m(k) = -\sin(c(k-m)), & m-N \leq k \leq m-1 \\ 0, & k \geq m \end{cases} \tag{3.8}$$

窓掛け後の信号 $S_m(k)$ は式 (3.9) で表される．

$$S_m(k) = S'_m(k)W_m(k) \begin{cases} S'_u(k)f_m(k) = S'_u(k)b\alpha^{-(k-(m-N-1))}, & k \leq m-N-1 \\ S_u(k)g_m(k) = -S'_u(k)\sin(c(k-m)), & m-N \leq k \leq m-1 \\ 0, & k \geq m \end{cases} \tag{3.9}$$

3 種の用途に応じた窓の係数はそれぞれあらかじめ計算し，数表で与える．M 次の LPC に備えて，$M+1$ 個の自己相関係数 $R_m(i)$ を式 (3.10) により求めておく．

$$R_m(i) = \sum_{k=-\infty}^{m-1} S_m(k)S_m(k-i) = r_m(i) + \sum_{k=m-N}^{m-1} S_m(k)S_m(k-i) \tag{3.10}$$

巡回成分を分離して書くと式 (3.11) となる．

$$r_m(i) = \sum_{k=-\infty}^{m-N-1} S_m(k)S_m(k-i) = \sum_{k=-\infty}^{m-N-1} S_u(k)S_u(k-i)f_m(k)f_m(k-i) \quad (3.11)$$

巡回成分は，時刻 m で求めた $r_m(i)$ をメモリに格納しておけば，$r_{m+L}(i)$ が式 (3.12) によって求まり，演算量が削減される．

$$r_{m+L}(i) = \alpha^{2L} r_m(i) + \sum_{m+L-N-1}^{k=m-N} S_{m+L}(k)S_{m+L}(k-i) \quad (3.12)$$

聴覚重み付けにおいては，$M=10, L=20, N=30, \alpha=(1/2)^{1/40}$ である．

3.1.8.6 レビンソンダービン再帰法モジュール

レビンソンダービンアルゴリズムにより自己相関係数から LPC 係数を算出する前に，LPC 係数値のダイナミックレンジを狭め，フィルタの安定性を高める目的で，自己相関係数の白色雑音補正を行う．これは式 (3.13) に示すように，$R(0)$ のみをわずかに嵩上げするものであり，原信号に無相関信号（白色雑音）を加えたのと等価である．

$$R(0) \leftarrow \left(\frac{257}{256}\right) R(0) \quad (3.13)$$

レビンソンダービン再帰法モジュールは，LPC 係数を 1 次から，10 次まで，再帰演算により求める．i 次の LPC 係数が 1 組をなし，10 次まで，逐次更新するとき，i 次の LPC 係数を $a_j(i)$ で表す．初期値 $E(0) = R(0)$ として，反射係数 k_i と残差エネルギ $E(i)$ を用い式 (3.14a)～(3.14b) により，逐次 $a_j(i)$ を求める．

$$k_i = -\frac{R(i) + \sum_{i=1}^{i-1} a_j R(i-j)}{E(i-1)} \quad (3.14a)$$

$$a_i^{(i)} = k_i \quad (3.14b)$$

$$a_j^{(i)} = a_j^{(i-1)} + k_i a_{i-j}^{(i-1)}, \quad 1 \leqq j \leqq i-1 \quad (3.14c)$$

$$E(i) = (1 - k_i^2) E(i-1) \quad (3.14d)$$

式 (3.14a)～(3.14d) を $i = 1, 2, \cdots, 10$ について繰り返し，進めたときの $a_j(10)$ が最終的な LPC 係数である．

3.1.8.7 聴覚重み付けフィルタ

10次の線形予測フィルタ $Q(z)$ は式 (3.15) で表される.

$$Q(z) = -\sum_{i=1}^{10} q_i z^{-i} \tag{3.15}$$

重み付けフィルタ $W(z)$ は式 (3.16a), (3.16b) で表される.

$$W(z) = \frac{1 - Q(z/\gamma_1)}{1 - Q(z/\gamma_2)}, \quad 0 < \gamma_2 < \gamma_1 \leq 1 \tag{3.16a}$$

$$Q(z/\gamma_1) = -\sum_{i=1}^{10} (q_i \gamma_1^i) z^{-i} \tag{3.16b}$$

(γ_1, γ_2) は, $(0.9, 0.6)$ が受聴試験の結果から選ばれた. 図 3.3 のターゲット音声 $v(n)$ を作る聴覚重み付けフィルタ (図中 4) は, リセット時以外は常に保存される. 一方, 合成フィルタ, 聴覚重み付けフィルタの零入力応答の減算用フィルタ (図中 9, 10) は, 別途初期化して利用する. モデム信号などの非音声入力に対しては, このフィルタを除く ($\gamma_1 = \gamma_2 = 0$ とする) ことが望ましい.

3.1.8.8 コードブック探索

コードブック探索は最も演算負荷の大きい部分なので, 演算量を極力少なくする工夫が凝らされている. 合成音声と比較すべきターゲット音声をはじめに準備する. 入力ベクトルに聴覚重み付けフィルタを通し, ついで, 合成・聴覚重み付けフィルタの零入力応答を除き, 利得を除して正規化ターゲットベクトルを得る.

(1) 合成フィルタ

合成フィルタは, 50次の全極形であり, 過去の量子化音声にハイブリッド窓を掛け, レビンソン・ダービン再帰法により LPC 係数を求め, 帯域幅を拡張して合成フィルタの係数とする. ハイブリッド窓の定数は, $N = 35, \alpha = (3/4)^{1/40} = 0.992833749$, $L = 20$, 白色雑音補正係数は 257/256 である.

50次 LPC 予測器の伝達関数 $\hat{P}(z)$ は式 (3.17) で表される.

$$\hat{P}(z) = -\sum_{i=1}^{50} \hat{\alpha}_i z^{-i} \tag{3.17}$$

帯域幅拡張は, 合成フィルタの安定性を増し, 符号誤りに対する耐性を高める. LPC 係数 $\hat{a}_i$ に対し, 式 (3.18) に従って係数を変更する.

$$a_i = \lambda^i \hat{a}_i, \quad i = 1, 2, \cdots, 50 \tag{3.18}$$

ただし，λ は 253/256 である．

新たな係数組 a_i を持つ線形予測器の伝達関数 $P(z)$ は式 (3.19) で表される．

$$P(z) = -\sum_{i=1}^{50} a_i z^{-i} \tag{3.19}$$

合成フィルタ $F(z)$ は式 (3.20) で表される．

$$F(z) = \frac{1}{1 - P(z)} \tag{3.20}$$

(2) バックワードベクトル利得の適応化

利得調整された励振ベクトル $e(n)$ の実効値（利得）には相関があるので，ベクトルごとの励振利得 $\sigma(n)$ をバックワードベクトル利得適応器で予測する．$e(n-1)$ の実効値の対数値を求め 20 倍して，オフセット値を除く．このオフセット値は dB で表した平均レベルであり，いわば直流分に相当する．次いで，ハイブリッド窓掛け，レビンソンダービン再帰アルゴリズムを経て予測係数を求める．

ハイブリッド窓の定数は $M = 10, N = 20, L = 4, \alpha = (3/4)^{1/8} = 0.96467863$ である．レビンソンダービンアルゴリズムの出力 $\hat{\alpha}_i$ は式 (3.21) の 10 次の線形予測器 $\hat{R}(z)$ の係数である．

$$\hat{R}(z) = -\sum_{i=1}^{10} \hat{\alpha}_i z^{-i} \tag{3.21}$$

帯域幅拡張を適用し，式 (3.22) を得る．

$$R(z) = -\sum_{i=1}^{10} \alpha_i z^{-i} \tag{3.22}$$

帯域幅拡張の係数は 29/32 を用い，式 (3.23) を適用する．

$$\alpha_i = \left(\frac{29}{32}\right)^i \hat{\alpha}_i = (0.90625)^i \hat{\alpha}_i \tag{3.23}$$

対数利得 $\hat{\delta}(n)$ は，線形予測により式 (3.24) により求める．リミッタにより，値は 0 dB と 60 dB の範囲に納める．

$$\hat{\delta}(n) = \sum_{i=1}^{10} \alpha_i \delta(n - i) \tag{3.24}$$

対数利得にオフセット分を加え戻し，真数に逆変換して利得 $\sigma(n)$ とする．

(3) コードブック探索の原理

10 ビットのコードブックは 3 ビット（8 個のスカラーゲイン，極性符号と 4 レベル）と 7 ビット（128 個の形状ベクトル）に分かれている．求めるべきベクトルは両者の積 1024 個の内 1 つである．AbS の原理により，各ベクトルに利得 $\sigma(n)$ を掛け，合成フィルタ $F(z)$ と聴覚重み付けフィルタ $W(z)$ の従続接続 $H(z) = F(z)W(z)$ によりフィルタリングする．ゲイン指標 i，形状指標 j のベクトルに対する合成出力 x_{ij} は，式 (3.25) で表される．

$$\tilde{x}_{ij} = \mathbf{H}\sigma(n)g_i y_j \tag{3.25}$$

ここに，H は行列であり，式 (3.26) で表される．

$$\mathbf{H} = \begin{bmatrix} h(0) & 0 & 0 & 0 & 0 \\ h(1) & h(0) & 0 & 0 & 0 \\ h(2) & h(1) & h(0) & 0 & 0 \\ h(3) & h(2) & h(1) & h(0) & 0 \\ h(4) & h(3) & h(2) & h(1) & h(0) \end{bmatrix} \tag{3.26}$$

$h(n)$ は従続接続フィルタのインパルス応答列である．指標 i, j の最適な組合せは二乗平均誤差 D を最小にするものである．

$$D = \|x(n) - \tilde{x}_{ij}\|^2 = \sigma^2(n)\|\hat{x}(n) - g_i \mathbf{H} y_j\|^2 \tag{3.27}$$

$\hat{x}(n) = x(n)/\sigma(n)$ は利得正規化 VQ ターゲットベクトルである．

ここで，式 (3.27) を展開すると式 (3.28) となる．

$$D = \sigma^2(n)(\|\hat{x}(n)\|^2 - 2g_i \hat{x} \mathbf{H}^T(n) y_j + g_i^2 \|\mathbf{H} y_i\|^2) \tag{3.28}$$

$x(n)$ のノルムと $\delta^2(n)$ はコードブック探索中一定であるため，D の i, j に関する最小化は，次式を i, j に関し最小化することに等しい．

$$\hat{D} = 2g_i P^T(n) y_j + g_i^2 E_j \tag{3.29}$$

ここで，

$$P(n) = \mathbf{H}^T \hat{x}(n) \tag{3.30}$$

$$E_j = \|\mathbf{H}y_j\|^2 \tag{3.31}$$

である．演算量削減のため，フレームに一度の計算は，その結果を記憶しておくことにより，ベクトルごとの計算を省くことができる．E_j はフィルタ H を通した形状コードベクトル y_j のエネルギである．フィルタ H は，フレーム内では一定であるから，E_j もフレーム内で一定である．したがって，フィルタ H の更新ごとに $Ej, (j = 0, 1, 2, \cdots, 127)$ を記憶しておく．

$$P_j = P^T(n)y_j \tag{3.32}$$

とおくと $\hat{D}$ は

$$\hat{D} = -2g_i P_j + g_i^2 E_j \tag{3.33}$$

g_i の項はフレームに一度計算し格納しておけるので，演算負荷は P_j が大部分を占める．手順は，まず P_j, E_j を計算し，次いで y_j に対し最適な利得指標 i を探索する．最適な利得 $g = P_j/E_j$ に最も近い量子化利得を選ぶとき，負荷の大きい割算を実行せず，量子化レベルの境界値と E_j の積を P_j と比較する方法をとるが，その詳細は省略する．

3.1.8.9　ポストフィルタ

図 3.4 に示す復号器において，励振 VQ 指標に基づき励振ベクトル $y(n)$ をコードブックから選び，利得を掛けて合成フィルタの入力とする．合成フィルタとその適応器は符号化器と全く同一である．ポストフィルタは復号器のみのブロックであり，つぎの 3 つの部分に分かれる．

① 長期（ピッチ周期）フィルタ
② 短期フィルタ
③ 利得調整ユニット

長期フィルタは式 (3.34) で表される．

$$H_l(z) = g_l(1 - bz^{-p}) \tag{3.34}$$

ここで，係数 g_l, b, p の算出は以下の方法による．LD-CELP はエンコーダでは陽にピッチ予測を行ってはいないので，p は復号器独自に算出する．LD-CELP のテストベクトルによる検証は，ポストフィルタを除いて行われ，また，相互

3.1 ITU-T の音声符号化方式の勧告 83

接続性に影響しないため,これらの係数はどのように算出してもよいが,品質を一定水準に保つために以下の方法が例として挙げられている.

式 (3.35) に示す 10 次の LPC 逆フィルタを用い,蓄積された復号出力から近接相関の影響を除いた LPC 残差信号を求める.

$$\tilde{A}(z) = 1 - \sum_{i=1}^{10} \tilde{a}_i z^{-i} \quad (3.35)$$

ここに,$\tilde{a}_i$ はバックワード合成フィルタのレビンソンダービンアルゴリズムを利用する.出力残差系列 $d(k)$ から (20, 140) の範囲でピッチ周期を探索する.演算量削減のため,1 kHz 以下に帯域制限した後,1/4 に間引きを行い,(5, 35) の範囲を探索し自己相関関数である式 (3.36) を計算する.

$$p(i) = \sum_{n=1}^{25} \overline{d}(n)\overline{d}(n-i) \quad (3.36)$$

ここに,$\overline{d}(n)$ は間引き後の残差である.自己相関関数の最大値を与える τ の周りで 7 サンプルについて,本来の時間精度で自己相関を計算し,ピッチ周期を求める.さらに,倍ピッチに誤るのを防ぐため,前フレームのピッチと比較評価を行いピッチ周期を定める.

短期フィルタ $H_s(z)$ は,10 次の ARMA 型と 1 次 MA 型を従続接続した式 (3.37a)〜(3.37d) で表される.

$$H_s(z) = \frac{1 - \sum_{i=1}^{10} \overline{b}_i z^{-i}}{1 - \sum_{i=1}^{10} \overline{a}_i Z^{-i}} (1 + \mu z^{-1}) \quad (3.37a)$$

$$\overline{b}_i = \tilde{a}_i (0.65)^i, \, i = 1, 2 \cdots 10 \quad (3.37b)$$

$$\overline{a}_i = \tilde{a}_i (0.75)^i, \, i = 1, 2 \cdots 10 \quad (3.37c)$$

$$\mu = 0.15 k_1 \quad (3.37d)$$

$H_s(z)$ の係数 a_i, b_i は,10 次の LPC 係数に式 (3.37b), (3.37c) のように係数を掛けたものであり,その配分によりフォルマント強調,または,抑圧を調節できる.10 次の LPC 係数は,レビンソンダービンアルゴリズムを 10 次で停止した時点で得る.k_1 は 1 次反射係数である.LD-CELP では (0.65, 0.75) の

組合せにより緩やかなフォルマント強調を行っている．スペクトル傾斜補正係数 μ は 1 次反射係数 k_1 を用いて，式 (3.37d) による．さらに，$H_s(z)$ により利得が変化するのを補正する制御を行って出力音声信号を得る．

3.1.9　G.729 CS-ACELP

3.1.9.1　CS-ACELP の概略

8 kbit/s CS-ACELP(Conjugate-Structure Algebraic CELP) の構成を図 3.6, 3.7 に示す．G.729 は，LD-CELP の 1/2 のビットレートで商用電話品質を実現するため，フレーム長を 10 ms まで伸ばし，LPC 分析のために 5 ms の先読みを加えた．このため片方向遅延時間は最低でも 25 ms となった．また，新たにピッチ予測のために適応コードブックを取り入れ，LPC 係数も陽に伝送する．こうして，短期，長期予測が精密に行われる結果，ランダム励振には学習コードブックよりも簡略な代数励振 (Algebraic Excitation) コードブックが使われ，メモリと演算量の削減が可能となった．また，バースト符号誤りに伴うフレーム消失の影響を聴感上最小限とするための後処理が加えられた．フレームごとの各機能のビット割り当てを表 3.1 に示す．サブフレームごと

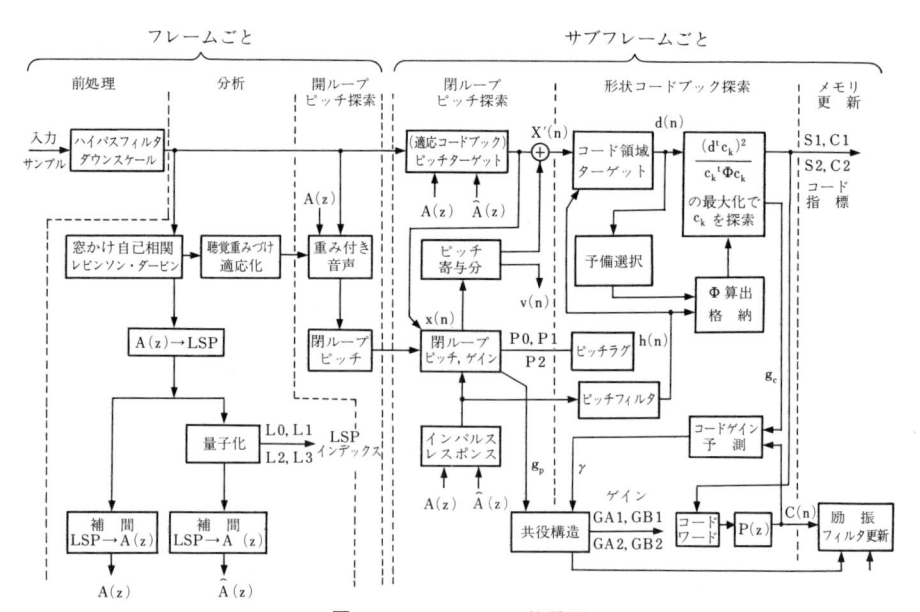

図 3.6　CS-ACELP 符号器

図 **3.7** CS-ACELP 復号器

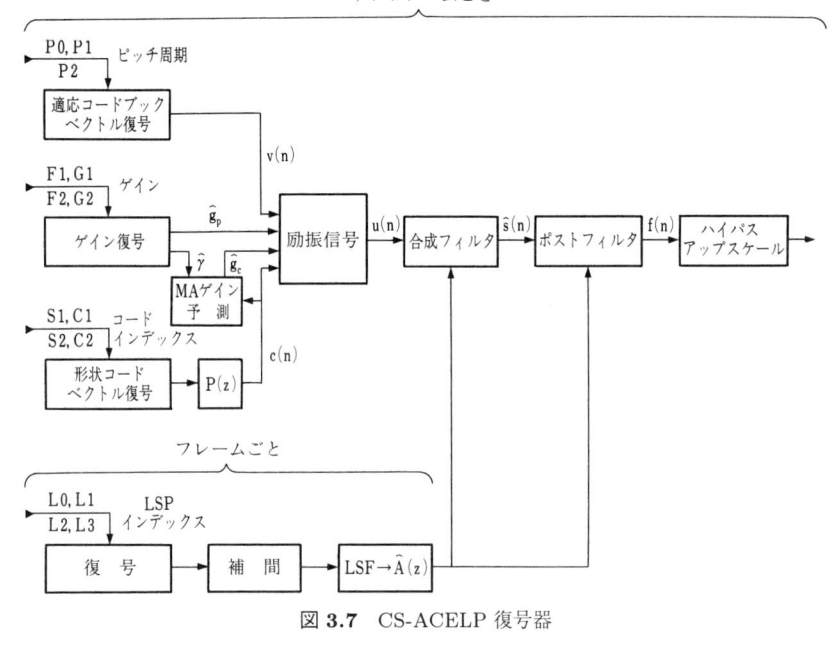

の処理では，それぞれのビット数を示す．本文では，主に，LPC 係数の量子化，ピッチ予測，代数励振，および，共役ベクトルゲイン量子化について説明する．

表 **3.1** CS-ACELP のフレームごとのビット配分

変　数	コード	ビット数
LSP 係数	L0, L1, L2, L3	18
適応コードブック	P1, P2	8, 5
パリティ	P0	1
形状励振コードブック	C1, C2	13, 13
同上極性	S1, S2	4, 4
ゲイン 1 段目	F1, F2	3, 3
ゲイン 2 段目	G1, G2	4, 4

3.1.9.2 LPC 分析と量子化

LPC 分析には，30 ms の非対称窓を用い，LD-CELP 同様レビンソンダービンアルゴリズムを適用する．ただし，入力音声を直接分析し，次数は 10 次である．LPC（合成）フィルタは式 (3.17) の次数を 10 次としたものと同一である．LPC 係数は LSP 係数に変換し量子化の後，陽に伝送される．これを LD-CELP のバックワード形との対比でフォワード形と呼んでいる．LPC 係数は，復号器における値と同一とするため，いったん量子化の後，再度逆量子化した値が符号器でも使用される．

(1) 窓掛け

非対称窓 $w_{lp}(n)$ は式 (3.38) で表される．

$$w_{lp}(n) = \begin{cases} 0.54 - 0.46\cos\left(\dfrac{2\pi n}{399}\right), & n = 0, \cdots, 199 \\ \cos\left(\dfrac{2\pi(n-200)}{159}\right), & n = 200, \cdots, 239 \end{cases} \tag{3.38}$$

5 ms（40 サンプル）の先読みは，現フレームよりも未来のサンプルに適用されるため，実際は 5 ms の遅延を生じることになる．ただし，フレームには含まれないため，フレーム情報の伝送やパケット化には影響がなく，フレーム長を伸ばすよりもシステム設計への影響が少ない．非対称窓は遅延時間と LPC 分析精度との兼ね合いから，品質実験をもとに設計された．遅延時間に影響のない過去のサンプルには緩やかな形状，遅延の制約のある先読み部分では，分析精度への影響が小さい範囲で急峻な形状が選ばれている．10 次の LP 分析に必要な自己相関関数 $r(k)$ は式 (3.39) で表される．

$$r(k) = \sum_{n=k}^{239} w_{lp}(n)s(n)w_{lp}(n-k)s(n-k), \quad k = 0, \cdots, 10 \tag{3.39}$$

ここで，演算精度を制限したときの安定性のために，式 (3.40) のラグ窓掛けにより帯域幅拡張を行う．サンプリング周波数 $f_s = 8\,\mathrm{kHz}$ に対し，実験結果から $f_0 = 60\,\mathrm{Hz}$ が選ばれた．さらに，LD-CELP で用いた係数 1.0001 による白色雑音補正も行っている．

$$w_{lag}(k) = \exp\left(-\frac{1}{2}\left(\frac{2\pi f_0 k}{f_s}\right)^2\right), \quad k = 1, \cdots, 10 \tag{3.40}$$

(2) LPC 係数への変換と量子化

LSP 係数への変換はチェビシェフ多項式の求解法による．得られたコサイン領域の解 q_i は式 (3.41) により角周波数 ω_i （線スペクトル周波数 LSF と呼んでいる）に変換する．

$$\omega_i = \arccos(q_i) \quad i = 1, \cdots, 10 \tag{3.41}$$

この分析はフレーム長にあわせて，10 ms ごとに行うが，通常の音声の定常区間は 10 ms より長いため，フレーム間でパラメータに相関が生じる．これを除去し，量子化効率を高めるため予測多段ベクトル量子化を適用する．10 次の LSP 係数を 2 段のベクトルに分けて量子化することによりコードブックとその検索を手ごろな大きさにできる．また，予測は 4 次の切り替え型 MA 予測を用い，相関の程度に応じた冗長性の除去と伝送誤りに対する頑健性を兼ね備える．

はじめに，復号手順を示す．2 段ベクトル量子化器の 1 段目は 7 ビット（128 エントリ）の 10 次元コードブック $\mathcal{L}1$ を用い，2 段目は 5 ビット（32 エントリ）の 5 次元コードブック $\mathcal{L}2, \mathcal{L}3$ を用いる．

$\hat{l}_i$ の復号は，式 (3.42) により，各コードベクトルの和として得られる．

$$\hat{l}_i = \begin{cases} \mathcal{L}1_i(L1) + \mathcal{L}2_i(L2) & i = 1, \cdots, 5 \\ \mathcal{L}1_i(L1) + \mathcal{L}3_{i-5}(L3) & i = 6, \cdots, 10 \end{cases} \tag{3.42}$$

量子化と逆量子化により，LSF 周波数が接近しすぎると LPC 合成フィルタのピークが鋭くなり，安定性を損なうため，以下の手順により $\hat{l}_i$ の再配置を行う．

    for $i = 2, \cdots, 10$

$$if(\hat{l}_{i-1} > \hat{l}_{i-j} - J)$$
$$\hat{l}_{i-1} = \frac{1}{2}(\hat{l}_i + \hat{l}_{i-1} - J)$$
$$\hat{l}_i = \frac{1}{2}(\hat{l}_i + \hat{l}_{i-1} + J)$$
$$end$$

    end

再配置は J の値を変えて 2 度行う．1 度目は $J = 0.0012$，2 度目は $J = 0.0006$

を用いる．次いで，現フレーム m の量子化 LSF 係数 $\hat{\omega}_i(m)$ を求める．$\hat{\omega}_i(m)$ は，過去 4 フレームの量子化器の出力 $\hat{l}_i(m-k), k = 1, \cdots, 4$ と現フレームの量子化器出力 $\hat{l}_i(m)$ に式 (3.43) の重み付けをして得られる．

$$\hat{\omega}_i(m) = \left(1 - \sum_{k=1}^{4} \hat{P}_{i,k}\right) \hat{l}_i(m) + \sum_{k=1}^{4} \hat{P}_{i,k}\hat{l}_i(m-k) \quad k = 1, \cdots, 10 \quad (3.43)$$

ここに，2つの重み付け $\hat{p}_{i,k}$ の切り替えは，$\mathcal{L}0$ の 1 ビットを用いる．この MA 予測の $\hat{l}_i(k)$ の初期値は均等配置 $\hat{l}_i(k) = i\pi/11$ として，平坦スペクトルを与える．$\hat{\omega}_i$ を求めたあと，再度安定性の確認を行う．すなわち，$0 < \hat{\omega}_1 < \hat{\omega}_2 < \hat{\omega}_3 < \cdots < \hat{\omega}_{10} < \pi$ の順を確認し，2 つのパラメータ間の距離が 0.0391 より大きくなるよう再調整する．

LSF パラメータの符号化手順の概略を以下に示す．2 つの MA 予測器から，式 (3.44) の二乗誤差尺度で現 LSF 係数の最適なものを見つける．

$$E_{lsf} = \sum_{i=1}^{10} w_i (\omega_i - \hat{\omega}_i)^2 \quad (3.44)$$

誤差の重み w_i は，スペクトル包絡のピークを重視するために経験的に選ばれており，式 (3.45) の適応的判断を用いる．

$$w_1 = \begin{cases} 1.0 & if\ \omega_2 - 0.04\pi - 1 > 0 \\ 10(\omega_2 - 0.04\pi - 1)^2 + 1 & その他 \end{cases}$$

$$w_i(2 \leq i \leq 9) = \begin{cases} 1.0 & if\ \omega_{i+1} - \omega_{i-1} - 1 > 0 \\ 10(\omega_{i+1} - \omega_{i-1} - 1)^2 + 1 & その他 \end{cases}$$

$$w_{10} = \begin{cases} 1.0 & if\ -\omega_9 - 0.92\pi - 1 > 0 \\ 10(-\omega_9 + 0.92\pi - 1)^2 + 1 & その他 \end{cases}$$

$$(3.45)$$

さらに，w_5, w_6 には 1.2 を掛ける．現フレーム m で，量子化すべきベクトルは，式 (3.46) で与えられる．

$$l_i = \left(\omega_i(m) - \sum_{k=1}^{4} \hat{P}_{i,k}\hat{l}_i(m-k)\right) \Big/ \left(1 - \sum_{k=1}^{4} \hat{P}_{i,k}\right) \quad (3.46)$$

まず，第 1 コードブック $\mathcal{L}1$ を探索し，重み付けなしの平均二乗誤差を最小とするベクトル L1 を選択する．次に，第 2 段の低次のコードブック $\mathcal{L}2$ を探索する．式 (3.46) の重み付き平均二乗誤差を計算して，ベクトル L2 を選択する．最後に第 2 段の高次のコードブック $\mathcal{L}3$ を，重み付き二乗平均誤差を最小とするよう探索する．ここで，得られた量子化ベクトル l_i, $(i = 1, 2, \cdots, 10)$ について，先に述べた再配置を実行する．以上の手順を 2 組の MA 予測係数について行い，より小さい誤差を与える MA 係数組を用いる．

(3) LSF 係数の補間

量子化 LPC 係数は，各フレームの第 2 サブフレームで使用し，第 1 サブフレームでは，隣接するフレームの線形補間による LPC 係数を用いる．補間は，量子化した LSF 係数のコサイン領域で行い，補間後 LPC 係数に逆変換する．

3.1.9.3 聴覚重み付け

聴覚重み付けには，量子化を経ない LPC 係数を直接用い，フィルタの形は LD-CELP の式 (3.16a) 同様 ARMA 形式である．ただし，CS-ACELP では IRS(Intermediate Response System) 特性を有する電話器以外，例えば PC のサウンド端子に接続されたフラット特性のマイクにも対応できるよう，入力信号スペクトル包絡特性に応じて，適応的に変化する．その判別は式 (3.47) に示す対数断面積比 O_i を用いる．

$$O_i = \log \frac{1+k_i}{1-k_i} \quad i = 1, 2 \tag{3.47}$$

ここに，k_i は，レビンソンダービン計算の途中で得られる反射係数である．第 m フレームで算出された $O_i(m)$ は第 2 サブフレームで使われ，第 1 サブフレームでは，第 $m-1$ フレームとの補間値を用いる．あまり頻繁に切り替えが起こるのは品質的に好ましくないため，式 (3.48) に示す前フレームの状態を考慮した判定を行う．

$$\mathrm{flat}(m) = \begin{cases} 0 & if\ O_1(m) < -1.74\ \text{and}\ O_2(m) > 0.65\ \text{and}\ flat(m-1) = 1 \\ 1 & if\ O_1(m) < -1.52\ \text{or}\ O_2(m) < 0.43\ \text{and}\ flat(m-1) = 0 \\ \mathrm{flat}(m-1) & \text{その他} \end{cases}$$

$$\tag{3.48}$$

平坦スペクトル包絡（$\mathrm{flat}(m) = 1$）のとき $\gamma_1 = 0.94$, $\gamma_2 = 0.6$ とする．IRS 特性の場合，$\gamma_1 = 0.94$, γ_2 は式 (3.48) により，スペクトル包絡の傾斜に応じて

決められるが，0.4 と 0.7 の間に値は制限される．スペクトル包絡の傾斜は，隣接する LSF 係数の最小の距離，式 (3.49) により推定する．

$$d_{\min} = \min[\omega_{i+1} - \omega_i], \quad i = 1, 2, \cdots, 9 \tag{3.49}$$

γ_2 は式 (3.50) により決定するので，急なスペクトルピークがある時は最大値に近くなる．

$$\gamma_2 = -6d_{\min} + 1, \quad \text{ただし } 0.4 \leq \gamma_2 \leq 0.7 \tag{3.50}$$

この適応化により，フラット入力に対して音質がこもったり，IRS 入力に対し雑音が耳につきやすくなることが緩和されている．

3.1.9.4 ピッチ分析と適応コードブック

ピッチ情報の分析は 10 ms フレームに一度行う相関計算による予備選択と，5 ms のサブフレームごとの AbS による適応コードブック探索からなる．ピッチ周期の精度は 1/3 サンプルであり，第 1 サブフレームでは，8 ビットを用い適応コードブックの指標を，第 2 サブフレームでは 5 ビットを用いて第 1 サブフレームに対する差分を量子化する．

予備選択においては，重み付き音声の相関関数 $R(k)$ を式 (3.51) により計算し，3 つに分けた領域で最大の相関値を与えるピッチラグを求める．$sw(n)$ は聴覚重み付けした入力信号である．

$$R(k) = \sum_{n=0}^{79} sw(n) sw(n-k) \tag{3.51}$$

倍ピッチ誤りを防ぐため，より小さいラグを与える領域を優先してピッチラグ候補 T_{OP} とする．

適応コードブック探索に先立って，目標信号 $x(n)$ を計算しておく．$x(n)$ は，聴覚重み付けフィルタを掛けた入力信号 $sw(n)$ から，重み付き合成フィルタ $W(z)/\hat{A}(z)$ の零入力応答を除いた信号である．適応コードブック探索は予備選択で求めた T_{OP} の近傍で，式 (3.52) の $Rn(k)$ を最大とする k を求めることである．

$$Rn(k) = \frac{\sum_{n=0}^{39} x(n) y_k(n)}{\sqrt{\sum_{n=0}^{39} y_k(n) y_k(n)}} \tag{3.52}$$

ここに，$y_k(n)$ は k の遅延をもつ $h(n)$ を畳み込んだ過去の励振信号である．小数ラグ k（それに対応する適応コードブック指標）を決定した後，適応コードブックゲイン g_p を式 (3.53) により計算する．$y(n)$ は，選ばれた適応コードブックベクトルに $h(n)$ のフィルタ処理をした結果である．

$$g_p = \frac{\sum_{n=0}^{39} x(n) y(n)}{\sum_{n=0}^{39} y(n) y(n)} \tag{3.53}$$

ただし，安定性のため値を $0 \leq g_p \leq 1.2$ と制限する．

3.1.9.5 代数励振コードブックと探索

CS-ACELP では，形状励振成分を代数励振 (Algebraic Excitation) 法によっている．従来は学習コードブックを表に記録しておき，これを参照するのが普通であったが，代数励振法では規則的にパルス位置を決めるため，表が必要でない．また，パルス数は4本のみとし，振幅を一定（極性は + と −）とするため，誤差計算が極めて小規模となる特徴がある．振幅情報を維持したスパース学習コードブックを用いる方法と比べても，品質的に大差がないため，演算量削減の効果の大きいこの方法が使用された．表 3.2 にパルス位置を規定するトラックを示す．ここで，パルス位置探索について説明する．LD-CELP と同様，目標信号と合成信号の二乗平均誤差を最小とする尺度とすると，式 (3.54) を最大とする k を選べばよい．ここに，c_k が指標 k の励振ベクトル，$x'(n)$ は目標信号，$h(n)$ は聴覚重み付けと合成フィルタをかけたインパルスレスポンス，Φ は $h(n)$ の行列である．

$$T_k = \frac{c_k^2}{\varepsilon_k} = \frac{(\mathbf{d}^\top c_k)^2}{c_k^\top \Phi c_k}, \quad \mathbf{d} = x'^\top \Phi \tag{3.54}$$

c_k は 4 点のみ 0 でない単位値を持つため，式 (3.54) の分子は式 (3.55) で表される．

表 3.2　形状励振コードブックのトラック

パルス	極性	位置
I_0	$S_0:\pm 1$	$M_0: 0, 5, 10, 15, 20, 25, 30, 35$
I_1	$S_1:\pm 1$	$M_1: 1, 6, 11, 16, 21, 26, 31, 36$
I_2	$S_2:\pm 1$	$M_2: 2, 7, 12, 17, 22, 27, 32, 37$
I_3	$S_3:\pm 1$	$M_3: 3, 8, 13, 18, 23, 28, 33, 38,$
		$4, 9, 14, 19, 24, 29, 34, 39$

$$c = a_0 d(m_0) + a_1 d(m_1) + a_2 d(m_2) + a_3 d(m_3) \tag{3.55}$$

ここに，m_i は i 番目のパルス位置，a_i は極性である．

また，式 (3.54) の分母はエネルギであるが，式 (3.56) になる．

$$\varepsilon = \sum_{i=0}^{3} \phi(m_i, m_i) + 2 \sum_{i=0}^{2} \sum_{j=i+1}^{3} a_i a_j \phi(m_i, m_j) \tag{3.56}$$

しかし，17 ビットの可能な組合せ (2^{17} 回) について式 (3.54) を計算するのは依然として困難である．そこで，はじめに極性を決めておく．すなわち，式 (3.54) が最大となるのは a_i と $d(m_i)$ の極性が一致する場合であるから，$d(m_i)$ の極性に各トラック位置の極性をあわせておく．これにより，式 (3.55) は，各項が正となって式 (3.57) になる．

$$c = d'(m_0) + d'(m_1) + d'(m_2) + d'(m_3), \quad d'(n) = |d(n)| \tag{3.57}$$

また，分母のエネルギ項も，こうしてあらかじめ決めた極性を用いて計算する．これで，組合せの数は 2^{13} 回に削減される．一層の削減のため，第 4 のトラック（4 ビットの位置情報）で探索を行うか否かを第 3 のトラックまでの探索（2^9 回）を尽くした後で発見的な方法により決める．第 3 トラックまでの C の最大値 $C_{\max}$ と平均値 C_{ave} を使い式 (3.58) のしきい値 C_{th} 以下の場合は，第 4 トラックでの探索を省略する．

$$c_{th} = c_{av} + (c_{\max} - c_{av}) \cdot \alpha \tag{3.58}$$

$\alpha = 0.4$ としたとき，全てを尽くせば 512 回となるものが，平均的に 60 回程度となり，誤差は場合を尽くしたときとほぼ差がないことが実験によりわかっている．

ピッチの高い音声では,サブフレームよりもピッチ周期が短い可能性がある.このとき,ランダム励振によりピッチ周期性が弱まるのを避けるため,ランダム励振をピッチ周期で繰り返すのが品質的に好ましい.ランダム励振パルス列に式 (3.59) のフィルタをかけることで,これが実現できる.

$$c(n) = \begin{cases} c(n), & n = 0, \cdots, T-1 \\ c(n) + \beta c(n-T), & n = T, \cdots, 39 \end{cases} \quad (3.59)$$

T はピッチ周期の整数部分,β は適応コードブックゲインであるが,探索前に β の値は決まっていないので,前フレームの値で代用する.演算上の理由から,式 (3.59) は,個々の励振ベクトルに掛けず,式 (3.60) のようにインパルス応答 $h(n)$ に含めて,代数励振コードブック検索に組み込む.

$$h(n) = \begin{cases} h(n), & n = 0, \cdots, T-1 \\ h(n) + \beta h(n-T), & n = T, \cdots, 39 \end{cases} \quad (3.60)$$

3.1.9.6 ベクトルゲイン量子化

適応符号帳ベクトルと形状励振ベクトルは,ベクトルの大きさ(ゲイン)を後で決定している.ゲインは式 (3.61) により,合成音と目的音 $x(n)$ の二乗平均誤差が最小となるよう選ぶ.

$$Ew = \sum_{n=0}^{39} (x(n) - g_p y(n) - g_c z(n))^2 \quad (3.61)$$

ここに,$y(n), z(n)$ は,フィルタ処理後の適応コードブックベクトルと形状コードブックベクトルである.$z(n)$ のフィルタ処理は式 (3.62) で表される.

$$z(n) = \sum_{i=0}^{n} c(i) h(n-i), \ n = 0, \cdots, 39 \quad (3.62)$$

(1) ゲイン予測

形状励振コードブックのゲインは,時間的に比較的緩やかに変化するため,サブフレーム間で相関がある.そこで,LD-CELP と同様の対数エネルギゲイン予測を適用する.予測によるゲイン g_c' を用いて,形状励振ベクトルゲイン g_c は式 (3.63) により表す.

$$g_c = \gamma g_c' \quad (3.63)$$

ここで，補正係数 γ を量子化し，伝送すればよい．

(2) 共役構造ゲインベクトル量子化

適応コードブックゲインと形状コードブックゲインの量子化には，演算量とメモリの削減をねらって共役ベクトル量子化法を適用する．また，ベクトル探索に予備選択を適用することにより，伝送路符号誤りに対する耐性を高めることができる．2次元のコードブック F と G を用い，第1次元が適応コードブックゲインを，第2次元が形状コードブックゲインを表す．量子化適応コードブックゲイン $\hat{g}_p$ は式 (3.64) で，量子化形状コードブックゲイン $\hat{g}_c$ は式 (3.65) で表される．

$$\hat{g}_p = F_1(i_f) + G_1(i_g) \tag{3.64}$$

$$\hat{g}_c = g'_c \hat{\gamma} = g'_c(F_2(i_f) + G_2(i_g)) \tag{3.65}$$

ここに，i_f, i_g はコードブック指標である．コードブック探索の簡略化のために，予備選択を用いる．コードブック F は8個のベクトル，G は16個のベクトルからなる．F, G は学習により設計されているが，F の主な成分は第2次元（形状コードブックゲイン），G の主な成分は第1次元（適応コードブックゲイン）にある．そこで，予備選択においては主な成分を表す1次元のみに着目し，F_2 が g_c に近い値をとる4つのベクトル，G_1 が g_p に近い値をとる8つのベクトルを候補として残す．こうして選択された $4 \times 8 = 32$ の組合せについて全探索を実行し，最適な指標を求める．

3.1.9.7　フレーム消失補償

無線伝送路などのバースト符号誤りにより，1フレーム内の符号ビット誤り率が50％程度に達した場合，そのフレーム情報は全て失われたと見なし，過去のフレームの情報から音声信号を合成することにより品質劣化を最小限にとどめる必要がある．ただし，伝送路符号誤りの検出・訂正等の対処は，伝送システムの問題であり，符号化アルゴリズムには含まれない．本補償アルゴリズムは，システムからフレーム消失情報を受けて動作する．失われたフレームの再生のために，あらかじめフレームを周期性と非周期性に分類しておく．その判別はポストフィルタの計算途中で得られる長期予測ゲインを用いる．失われたフレームが周期性であれば，適応コードブック励振のみを用

い，非周期性であれば形状励振ベクトルをランダムに使用する．以下に，補償フレームでの特徴的な3つの処理，すなわち，1) 合成フィルタ係数の反復，2) 適応・ランダム励振コードブックゲインの減衰，3) ゲイン予測の減衰，について示す．

(1) 合成フィルタ係数の反復

LSP パラメータの量子化には，4次の MA 予測を用いているが，現フレームの符号語が得られないため，過去の MA 予測器の記憶から式 (3.66) を用いて外挿する．

$$\hat{l}_i = \left[\hat{\omega}_i(m) - \sum_{k=1}^{4} \hat{P}_{i,k}\hat{l}_i(m-k)\right] \bigg/ \left(1 - \sum_{k=1}^{4} \hat{P}_{i,k}\right), \quad i = 1,\cdots,10 \quad (3.66)$$

(2) 適応・固定コードブックゲインの減衰

コードブックベクトルのゲインは，最後に得られた正しい利得を減衰させて用いる．ランダム励振コードブックでは，式 (3.67) による．

$$g_c(m) = 0.98 g_c(m-1) \quad (3.67)$$

適応コードブック利得は式 (3.68) による．

$$g_p(m) = 0.9 g_p(m-1), \quad g_p(m) < 0.9 \quad (3.68)$$

適応コードブックゲインは，安定性のため，外挿結果に制限を設けている．非周期フレームの方が，時間的エネルギ変動が小さいことが経験的にわかっており，聴感を反映してこれらの定数が選ばれた．

(3) ゲイン予測の減衰

ゲイン予測は，過去のランダム励振ベクトルのエネルギを使用している．フレーム消失状態から，正しい受信状態に回復するとき，ゲインの跳躍を避けるため，過去のエネルギの内部状態記憶に 4 dB の減衰を与えて記憶を更新する．

参考文献

[1] ITU-T Recommendation G.191, "SOFTWARE TOOLS FOR SPEECH AND AUDIO CODING STANDARDIZATION"

[2] ITU-T Recommendation G.711, "Pulse Code Modulation (PCM) of voice frequencies"
[3] ITU-T Recommendation G.722, "7 kHz Audio-coding within 64 kbit/s"
[4] ITU-T Draft Recommendation G.722.1, "7 kHz Audio-coding at 24 and 32 kbit/s for hands-free operation in systems with low frame loss"
[5] ITU-T Recommendation G.723.1, "Dual rate speech coder for multimedia communications transmitting at 5.3 and 6.3 kbit/s"
[6] ITU-T Recommendation G.726, "40, 32, 24, 16 kbit/s ADAPTIVE DIFFERENTIAL PULSE CODE MODULATION (ADPCM)"
[7] ITU-T Recommendation G.727, "5-, 4-, 3- and 2-bits sample embedded adaptive differential pulse code modulation (ADPCM)"
[8] ITU-T Recommendation G.728, "CODING OF SPEECH AT 16 kbit/s USING LOW-DELAY CODE EXCITED LINEAR PREDICTION"
[9] ITU-T Recommendation G.729, "CODING OF SPEECH AT 8 kbit/s USING CONJUGATE-STRUCTURE ALGEBRAIC-CODE-EXCITED LINEAR-PREDICTION (CS-ACELP)"

付録

・**ITU-T 勧告の記述，および，C ソースコード類の入手**

全ての勧告の文章記述は，勧告書として印刷物あるいは，電子媒体としてITU のセールサービスまたは，新日本 ITU 協会から入手できる．また，表に示すように，G.191 にソフトウェアツールとして提供されるほか，勧告の詳細記述が C コードによるものもある．これらも，同様に入手できる．

勧告番号	素　材	参　考
G.711	C コード	G.191 に含まれる
G.726	テストベクトル，C コード	G.191 に含まれる
G.722	テストベクトル，C コード	G.191 に含まれる
G.722.1	C コード	
G.723.1	C コード，テストベクトル	
G.728	テストベクトル	
G.729	C コード，テストベクトル	

住所

・Sale services, UIT

　　Place des Nations, CH-1211 Geneve 20,　　Geneve Suisse

Home page http://www.itu.int

・財団法人　新日本 ITU 協会
　〒 101-0032 東京都千代田区岩本町 2-4-10　共同ビル 5F
　Tel　03 (5820) 5620
　Fax　03 (5820) 5621

3.2　MPEG 1 オーディオから MPEG 2 オーディオへ

3.2.1　MPEG 1 および MPEG 2 の概要

MPEG 1/MPEG 2 におけるオーディオ規格の機能は,「コンパクトディスク (CD) と同等の音質を有する信号に含まれる情報を, 人間に知覚できる劣化なしに, 1/6 ～ 1/12 に圧縮する」ことである. 標準化作業は, ISO/IEC (ISO: International Standardization Organization (国際標準化機構), IEC: International Electrotechnical Commission (国際電気標準会議)) において 1988 年に開始された. ほぼ 10 年間に MPEG 1[1], MPEG 2/BC (Backward Compatible)[2, 3], MPEG 2/AAC (Advanced Audio Coding)[4] の標準化を達成した.

MPEG 1[1]は, コンパクトディスクなど蓄積系のメディアを主な対象としており, これ以降に制定された規格の基本となる. サンプリング周波数は 32, 44.1 および 48 kHz, ビットレートは 128, 192, 256, 384 kbit/s などを含む 14 種類が規定されている. MPEG 2/BC の対象とするメディアは, 主として放送・通信系および映画などの娯楽系である. そのために, チャネル数を 5 まで増やし, また低サンプリング周波数を用いたさらなるビットレート削減にも対応している. MPEG 2/BC は, マルチチャネル／マルチリンガルアルゴリズム (MC/ML アルゴリズム) と低サンプリング周波数アルゴリズム (LSF アルゴリズム) から構成されるが, 前者の対象とするビットレートは MPEG 1 に等しく, 後者の対象とするビットレートは 8～256 kbit/s である. MC/ML アルゴリズムは MPEG 1 アルゴリズムに対して後方互換であるが, 音質を改善した後方非互換の MC/ML アルゴリズムが 1997 年 3 月に完成した. これが, MPEG 2/AAC (旧 MPEG 2/NBC) である. MPEG 1 および MPEG 2 の関係を図 3.8 に示す.

---

[1]MPEG 1, MPEG 2 と表現したときには, それぞれのオーディオ規格を指す.

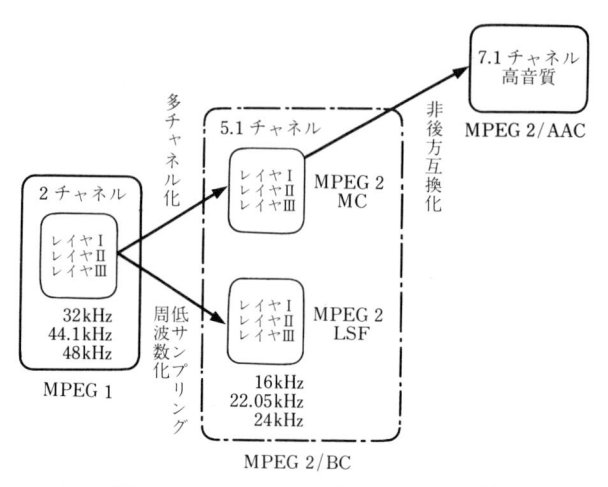

図 3.8　MPEG 1 および MPEG 2 の関係

3.2.2　MPEG オーディオアルゴリズムの構成と要素技術

3.2.2.1　MPEG オーディオアルゴリズムの構成

　図 3.9 は，MPEG オーディオアルゴリズムの基本ブロック図を示している．16 ビット直線量子化された PCM 入力信号は，時間領域から複数の周波数帯域へ写像される．この写像は，複数の直交鏡像フィルタ (QMF) を用いたポリフェーズフィルタバンク (Polyphase Filter Bank: PFB) [5] やコサイン変換などの直交変換で実現される．一方，量子化におけるビット割当てを行うために，心理聴覚特性 [6] に基づいた量子化誤差のマスキングレベルが計算される．得られた写像信号は，心理聴覚モデルに基づいたビット割当てにしたがって量子化および符号化された後，アンシラリデータ（利用者が任意に定義できるデータ）を合わせてフレームに組込まれる．

　復号は，まずアンシラリデータを分離して，フレームを分解する．続いて，サイド情報として送られたビット割当てに基づいて復号，逆量子化が行われる．逆量子化信号を逆写像することで，時間領域信号が復元される．実際には図 3.9 の基本構成に基づいて，MPEG 1 および MPEG 2/BC ではレイヤ I，II，III の 3 アルゴリズムが，MPEG 2/AAC では 1 種類のアルゴリズムが規定されている．

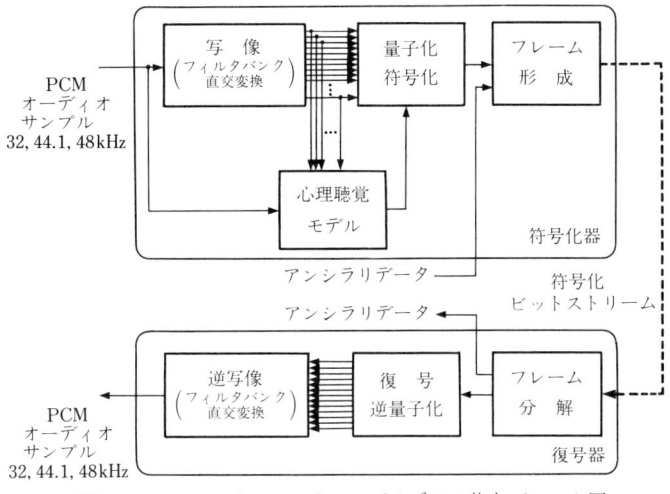

図 3.9 MPEG オーディオアルゴリズムの基本ブロック図

3.2.2.2　オーディオ符号化の要素技術

サブバンド符号化と適応変換符号化　オーディオ符号化では，サブバンド符号化 (Sub-band Coding: SBC) 方式と適応変換符号化 (Adaptive Transform Coding: ATC) 方式が代表的なアルゴリズムである [7]．どちらも，音声信号よりはるかに広い帯域内に存在する信号エネルギーの偏在を利用して，符号化効率を高めることができる．

　サブバンド符号化は，入力信号を複数の周波数帯域に分割し，各帯域電力の偏在を利用しつつ，各帯域において独立に符号化を行う．サブバンドに分割することによって，サブバンド内信号エネルギーの偏在を減少させてダイナミックレンジを削減し，各サブバンドの信号エネルギーに応じたビットを割り当てる．帯域分割は，複数の直交鏡像フィルタ (Quadrature Mirror Filter: QMF) を用いて，帯域の2分割を繰り返す木構造によって達成できる．分割された低域と高域の信号サンプルは，それぞれ1/2に間引かれて，サンプリング周波数が1/2になる．このように，QMFを用いて帯域分割／合成を行うフィルタ群は，QMFフィルタバンクと呼ばれる．したがって，木構造を有するフィルタ群は，木構造フィルタバンク (Tree-Structured Filter Bank: TSFB) と呼ぶことができる．TSFBの等価表現にポリフェーズフィルタバンク (Polyphase Filter Bank:PFB) がある．TSFB, PFBにおけるフィルタ群としては，FIR (Finite

QMF（直交鏡像フィルタバンク）

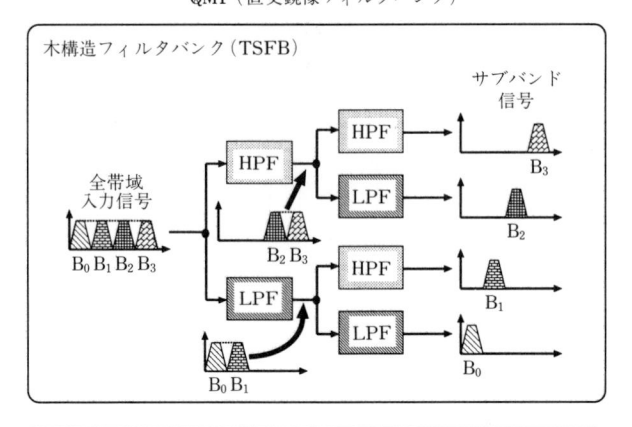

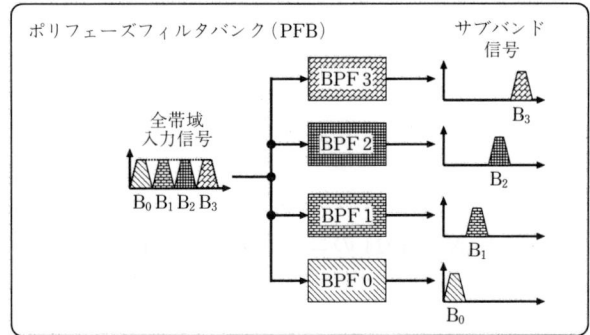

図 3.10 TSFB と PFB による帯域分割

Impulse Response) フィルタ，IIR (Infinite Impulse Response) フィルタのいずれも使用できる．FIR フィルタの採用を仮定すれば，フィルタバンクの構成および間引き操作の利用で，PFB は TSFB に比較して演算量を削減できる．また，PFB は TSFB と比較して遅延時間が少ない．したがって，実現には通常，FIR フィルタに基づいた PFB が用いられる．図 3.10 に TSFB と PFB による 4 帯域分割の例を示す．QMF フィルタバンク (TSFB/PFB) は，帯域分割とその逆演算である帯域合成を行うことで完全に入力信号を復元できるような設計法が確立されている [5]．

変換符号化 (Transform Coding) は，入力信号に線形変換を施して電力集中性を高めてから量子化を行うことで，符号化効率を改善する．特に，適応ビット割当てを行う方式は，適応変換符号化と称される [7]．線形変換としては，

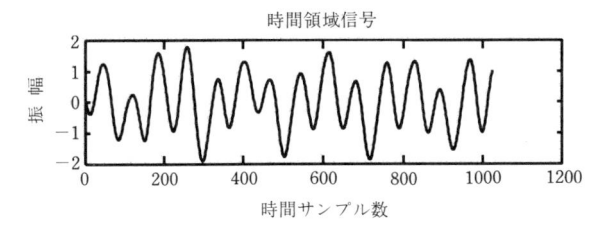

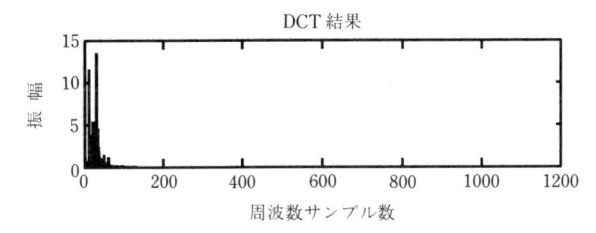

3.2 MPEG 1 オーディオから MPEG 2 オーディオへ

図 3.11 コサイン変換によるエネルギー集中

フーリエ変換，コサイン変換などが用いられる [7]．オーバラップさせて取込んだ入力信号に窓関数を掛けた後に線形変換を施す ATC とサブバンド符号化は，等価であることが指摘されている [5, 8]．図 3.11 にピアノ信号の時間領域波形とブロック長 $N = 1024$ のコサイン変換を用いて得られた周波数領域波形の一例を示す．時間領域波形では，1〜1024 番目のサンプルまで比較的平均にエネルギーが分布している．これに対して周波数領域波形では，エネルギーが低域に集中しており，符号化効率を改善可能であることが容易に理解できる．

適応ブロック長 ATC 適応変換符号化 (ATC) では，複数サンプルをまとめたブロック単位で線形変換が行われる．通常，大きなブロック長を用いた方が高解像度になり，符号化品質が向上する．しかし，急激に信号振幅が立上がる部分で大きなブロック長を採用すると，プリエコーと呼ばれる先行雑音が発生する．これは，単一ブロックのなかで，信号の振幅が急激に変化することに起因する．符号化における量子化歪は単一ブロック内に均一に分布するが，信号振幅の小さい部分でこの歪が知覚されるためである．

異なるブロック長によるプリエコーの違いを図 3.12 に示す．図 3.12 (a)，(b)，(c) はそれぞれ，原音（ドラムス），ブロック長 $N = 256$ による符号化・復号信号，ブロック長 $N = 1024$ による符号化・復号信号を表す．図 3.12 (c)

(a) 原音

(b) ブロック長 256 による符号化 / 復号信号

(c) ブロック長 1024 による符号化 / 復号信号

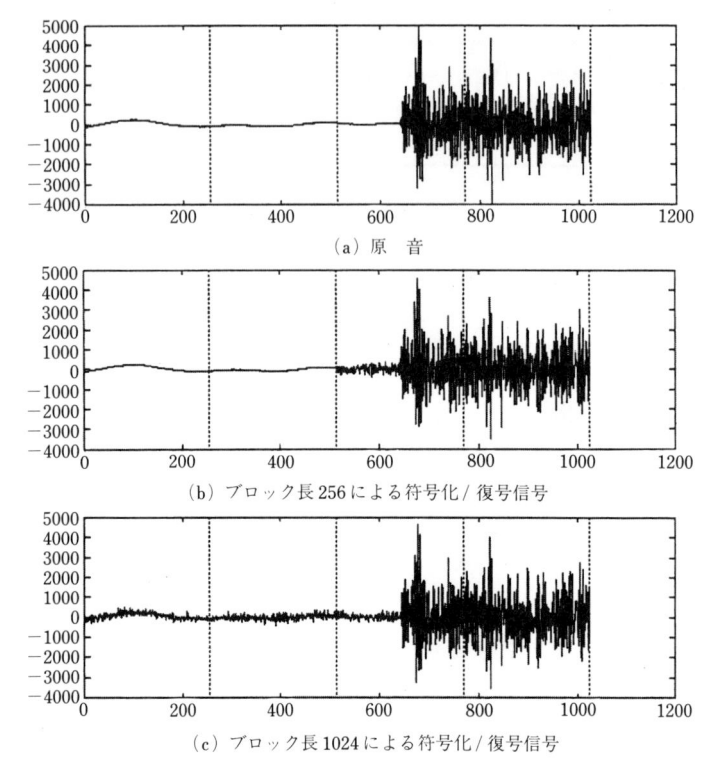

図 3.12 異なったブロック長によるプリエコー（ドラムス）

では信号振幅が急激に増大する部分（アタック）に先行して雑音が発生している．図 3.12 (b) では (c) に比較して先行雑音発生時間が短い．したがって，短いブロック長を採用することにより，プリエコーを抑圧することができる．

しかし，比較的静的な信号に対して短いブロック長を適用すると，解像度が劣化し，符号化効率が低下する．また，実際に量子化された信号成分以外の補助情報も，1 ブロックにつき 1 セット必要なので，ブロック長が長いほど効率がよい．これらのプリエコーに関連した相反する要求は，入力信号の性質に応じてブロック長を切替えることで対応することができる [9, 10]．

変形離散コサイン変換 (MDCT)　　ATC におけるもう一つの問題はブロック歪である．ブロック符号化の宿命として，ブロック境界に隣接した信号サンプルは時間軸上で連続しているにもかかわらず，異なったブロックに属す

るために異なった精度で量子化される．したがって，ブロック境界近傍で量子化雑音の不連続性が知覚されやすくなる．この問題に対しては，入力信号に窓関数を掛けてからオーバラップさせて符号化するという方法が採用されてきた [7]．しかし，オーバラップされた部分は連続した2ブロックで反復して符号化されることになる．これは，ブロック歪減少に効果が大きい，長いオーバラップ長で，より一層の符号化効率低下を招くことを意味する．この問題は，Time-Domain Aliasing Cancellation (TDAC) によって解決することができる [5]．

TDAC は隣接ブロック間で 50% のオーバラップを掛けてから，窓関数によるフィルタ操作を行い，続いて演算する DCT の時間項にオフセットを導入することにより，得られた変換係数が対称になる．したがって，符号化する必要のある変換係数の数はブロック長の 1/2 となり，50% オーバラップによって生じる効率劣化を相殺することができる．TDAC は DCT 演算にオフセット項を導入した形で表現されるため，符号化では特に変形離散コサイン変換 (MDCT: Modified Discrete Cosine Transform) と呼ばれることが多い．

心理聴覚重み付けを用いた量子化　サブバンド符号化も適応変換符号化も，心理聴覚特性 [6] を用いて，より人間に知覚されやすい帯域の信号劣化を最小化するようにある種の重み付けを行って量子化をすることにより，さらに総合符号化品質を改善することができる．心理聴覚重み付け (Psychoacoustic Weighting) は，絶対可聴しきい値 (Absolute Threshold) と，マスキング効果で定まる相対可聴しきい値を用いて，補正可聴しきい値 (Temporal Threshold) を逐次求めるものである．ビット割当ては，この補正可聴しきい値に基づいて行われる．

図 3.13 (a) に示すように，人間は絶対可聴しきい値よりも大きな音圧しか知覚することができない．したがって，周波数成分 A，B，C は聞こえるが D は聞こえない．また，大きな音圧を有する周波数成分の近傍に位置する小さな音圧の周波数成分も，マスクされて知覚できない．このマスキングの効果は，マスクする大きな音圧成分（マスカー）から周波数軸上で離れるほど弱くなり，マスカーの低域側より高域側で広範囲に及ぶ．マスキングの一例を図 3.13 (b) に示す．周波数成分 B はマスカー A にマスクされて聞こえないが，C，D はマスキング曲線より音圧が大きいので聞こえることになる．すなわ

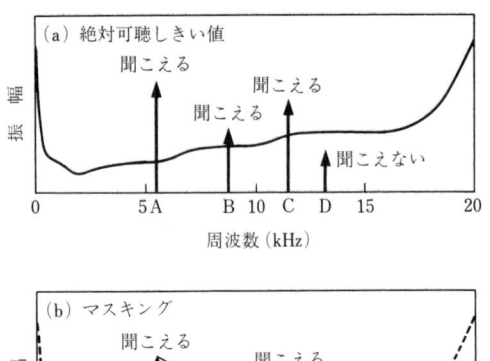

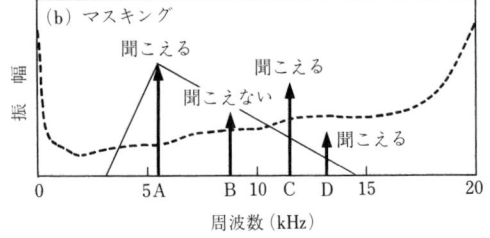

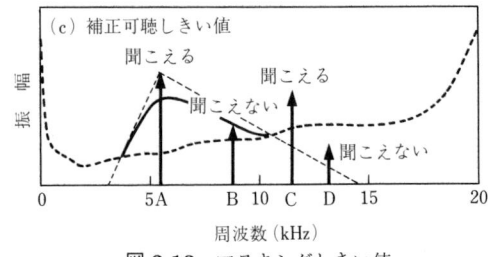

図 3.13 マスキングしきい値

ち，マスカー近傍の周波数成分 B のように，絶対可聴しきい値より音圧が大きくてもマスカー A によって定まるマスキング曲線より小さい場合には，知覚できないことになる．これは，マスカーの近傍で等価的に補正可聴しきい値が上昇することを意味する．図 3.13 (c) に，図 3.13 (a)，(b) から得られた補正可聴しきい値を示す．このようにして得られた補正可聴しきい値を越える周波数成分にだけ，その音圧と補正可聴しきい値の差に応じたビットを割り当てることで，効率的な符号化を達成することができる．

3.2.3　MPEG 1 アルゴリズム [1]

　MPEG 1 および MPEG 2/BC アルゴリズムは，レイヤ I，レイヤ II，およびレイヤ III の 3 レイヤから構成される．レイヤ I からレイヤ III の順で複雑

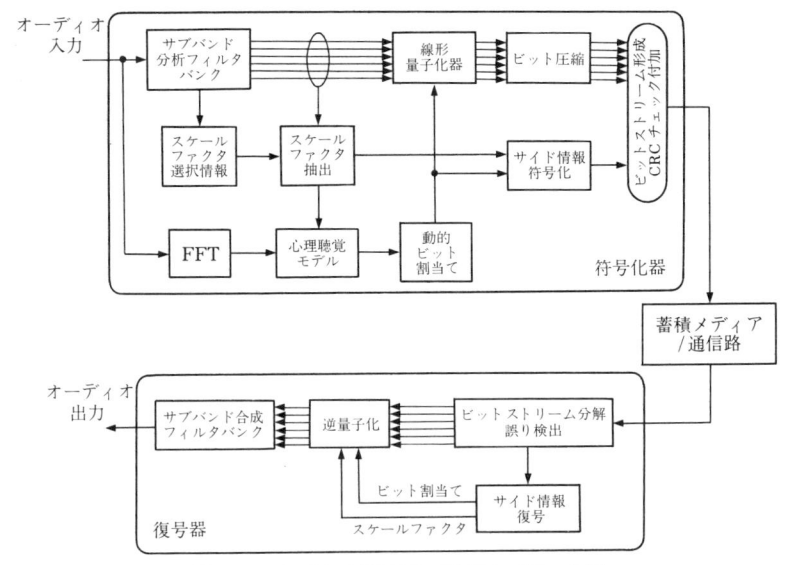

図 3.14 レイヤ I/II アルゴリズムブロック図

になるが，同時に音質も向上する．音質はまた，使用するビットレートにも依存する．レイヤ I からレイヤ III に対して 32 kbit/s からそれぞれ，448 kbit/s, 384 kbit/s, 320 kbit/s までの 14 種類のビットレートおよびフリーフォーマットが規定されている．レイヤ I/II/III は，すべて 32 帯域のサブバンド符号化に基づいている．本節では，符号化を中心に説明するが，復号などの詳細に関しては [11] などを参照されたい．

3.2.3.1 レイヤ I/II 符号化

レイヤ I/II は図 3.9 の基本構成にほぼしたがっており，図 3.14 に示すブロック図で表される．16 ビット直線量子化された入力信号は，サブバンド分析フィルタバンクで 32 帯域のサブバンド信号に分割される．各サブバンド信号に対してスケールファクタを計算し，ダイナミックレンジを揃える．スケールファクタの計算は，レイヤ I では各帯域 12 サンプルごと，すなわち全体で 384 サンプルごとに，レイヤ II ではその 3 倍の 1152 サンプルを 1 ブロックとして 384 サンプルごとに行われる．このため，レイヤ II では解像度が増し，符号化品質が向上する．しかし，このままではレイヤ II のスケールファクタの数はレイヤ I の 3 倍になり，圧縮率の低下を招く．そこで，レイヤ II

では3つのスケールファクタの組合せに応じて1つの新たな値を割り当てて表現し，圧縮率低下を防ぐ．

一方，入力信号を高速フーリエ変換 (FFT: Fast Fourier Transform) した結果を用いてマスキングを計算し，各サブバンドに対するビット割当てを決定する．このビット割当てに，心理聴覚重み付けの考え方が用いられている．得られたビット割当てにしたがって量子化されたサブバンド信号は，ヘッダや補助情報とともにビットストリームにフォーマットされ，符号化器から出力される．

復号器では，符号化器とほぼ逆の処理が行われる．圧縮された信号はビットストリームから，ヘッダ，補助情報，量子化されたサブバンド信号に分解される．サブバンド信号は割り当てられたビット数で逆量子化され，サブバンド合成フィルタバンクで合成された後，出力される．

サブバンド分析 サブバンド分析は，512タップPFBで以下の3式によって行われる．

$$Z_i = C_i \times X_i \tag{3.69}$$

$$Y_i = \sum_{j=0}^{7} Z_{64j+i} \tag{3.70}$$

$$S_i = \sum_{k=0}^{63} Y_k \cdot \cos\frac{(2i+1)(k-16)\pi}{64} \tag{3.71}$$

ここに，$X_0......X_{511}$ は512の入力信号サンプル，Y_i は周期加算信号，S_i はサブバンド出力である．

スケールファクタ抽出 レイヤIでは，各サブバンドごとに12サンプルを1ブロックとして，スケールファクタを抽出する．レイヤIIでは，各サブバンドごとに12サンプルを1ブロックとする連続3ブロックに対して，3つのスケールファクタを決定し，1ビットのスケールファクタ選択情報と1〜3ビットの伝送パターンで表現する．

心理聴覚分析 心理聴覚分析のモデルとして，モデル1とモデル2が標準アルゴリズムには示されている [11]．モデル1では，以下の手続きにしたがっ

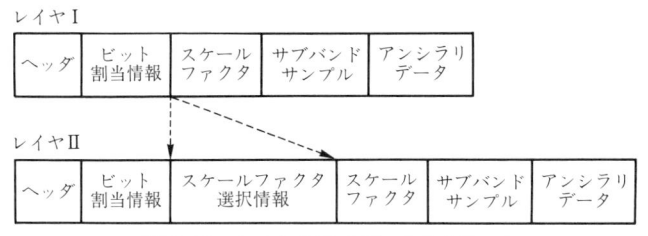

図 3.15 レイヤ I/II のビットストリーム

て，信号対マスク比 (SMR: Signal-to-Mask Ratio) を求める．

- 入力信号の FFT 分析
- 各サブバンドでの音圧計算
- 純音成分と非純音成分の選別
- 純音成分と非純音成分の間引き
- 個別マスキングしきい値の計算
- 全体的マスキングしきい値の計算
- 最小マスキングレベルの決定
- 信号対マスク比の計算

ビット割当て　心理聴覚分析で求めた SMR を用いて，各サブバンドのビット割当てを決定する．

量子化　各サブバンドサンプルをスケールファクタで正規化した値 $X(n)$，サブバンドごとに割り当てられたビット数に対応した値 $A(n)$ と $B(n)$ を用いて，$A(n) \times X(n) + B(n)$ にしたがって量子化する．最後に，上位 N ビットをとり，最上位ビットを反転する．

ビットストリーム作成　量子化されたデータは，サイド情報とともにビットストリームを形成する．図 3.15 に，レイヤ I とレイヤ II のビットストリームを示す．レイヤ I とレイヤ II のビットストリームは，主として，スロット長およびスケールファクタ選択情報を格納するブロックにおいて異なっている．ヘッダ部分には，'1111 1111 1111' で表される同期語が含まれる．

3.2.3.2　レイヤ III

レイヤ III は，レイヤ I/II に比べてさらに符号化品質を向上させるために，数々の工夫がこらされている．図 3.16 にレイヤ III のブロック図を示す．レ

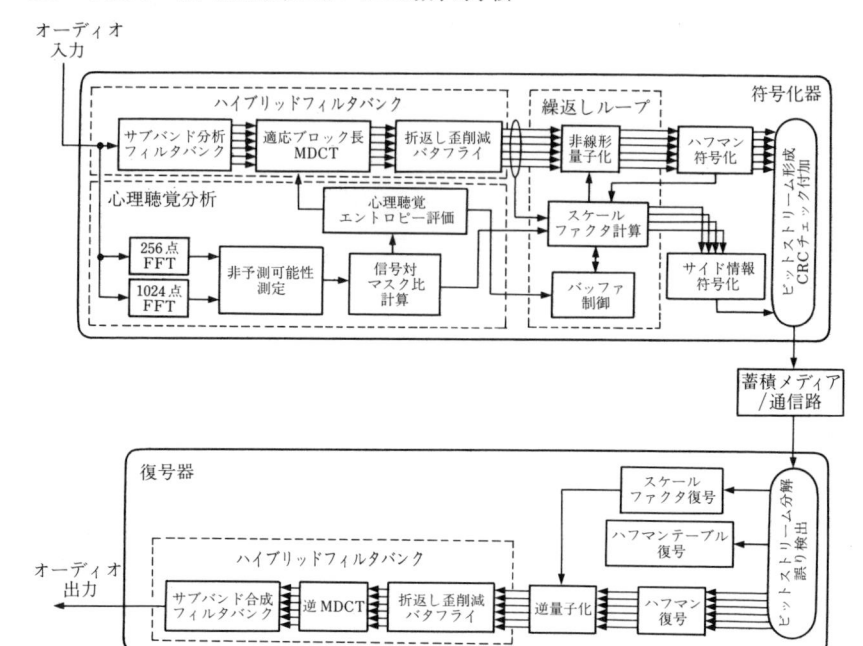

108   Part 3   音声圧縮標準に用いられる数学的手法

図 3.16 レイヤ III ブロック図

　イヤ I/II と比較して新たに，適応ブロック長変形離散コサイン変換 (MDCT)，折り返し歪削減バタフライ，非線形量子化，可変長符号化（ハフマン符号化）などが導入されている．これらは，さらなる周波数分解能向上，データ冗長性の削減に貢献する．その他の基本処理は，レイヤ I/II に準じて実行される．
　まず，16 ビット直線量子化された PCM 入力信号を用いて，心理聴覚モデルに基づいた量子化誤差のマスキングレベルが計算される．同時に MDCT のブロック長が，予測不可能性を用いた心理聴覚エントロピーに基づいて決定される．一方，入力信号は，時間領域から 32 の周波数帯域へ PFB で，続いてそれぞれの帯域が適応ブロック長 MDCT でさらに細かいスペクトルラインに写像される．適応ブロック長 MDCT は，プリエコー抑圧を目的としている [9, 10]．レイヤ III に採用されているような，フィルタバンクと直交変換を組合せた写像を，ハイブリッドフィルタバンク (Hybrid Filter Bank: HFB) と呼び，周波数分解能向上に貢献する．得られた写像信号は，折り返し歪削減バタフライを経た後，心理聴覚モデルに基づいたビット割当てにしたがっ

て非線形量子化される．量子化された信号は，ハフマン符号化された後，フレームに組込まれる．

復号器では，まずフレームを分解し，サイド情報として送られたビット割当てとハフマンテーブルの復号を行う．続いて，これらのサイド情報に基づいてハフマン復号，逆量子化が行われる．逆量子化信号を HFB で逆写像することで，時間領域信号が復元される．

ハイブリッドフィルタバンク　HFB では，1152 サンプルが 1 ブロックとなって処理される．32 帯域 PFB 出力は各帯域で 1 ブロック当たり 36 サンプルとなり，1 ロングブロック，または 3 ショートブロックとした MDCT で周波数領域に変換される．MDCT の係数対称性によって，18 の周波数領域サンプルが，出力として得られる．

ブロック長選択と窓関数　ブロック長の選択は，予測不可能性 (Unpredictability) を用いた心理聴覚エントロピーに基づいて行われる．プリエコーが発生するアタック近傍では，時間領域信号の急変に伴って高域成分が増加してパワー集中度が減少し，必要なビット数が多くなる．この現象に基づいて，心理聴覚エントロピーがあらかじめ定められたしきい値を越えたときにはアタックであると判定し，ショートブロックに切り替える．

MDCT と適応ブロック長を組合せる場合には，窓関数の形状が問題となる．TDAC は，隣接するブロック長が等しいと仮定して，時間領域の折返し歪が相殺されるように設計されているためである．隣接ブロック長が異なる場合に TDAC が満たすべき窓関数の条件についての解析は，[12] に報告されている．窓関数の形状は，左右対称型 [10] も可能であるが，レイヤ III では長短 2 種類の対称型と 2 種類の非対称型を採用し，隣接するブロック長の組合せに応じて選択使用している．レイヤ III の窓関数は [10] の窓関数より実質的なオーバラップが長く，ブロック境界歪抑圧効果が高いが，対称型は次のブロックのサイズに窓関数形状が依存しないために，符号化遅延が少ない．これら 4 種類の窓関数は，普通の窓，スタート窓，ストップ窓，短い窓と呼ばれる．窓関数の変化パターン例を，図 3.17 に示す．

周波数領域における折り返し歪除去　ロングブロックの場合，MDCT で得られたデータは，バタフライ回路によって，周波数領域で折り返し歪の除去が

```
                スタート窓    ストップ窓
  普通の窓 普通の窓    短い窓    普通の窓
```

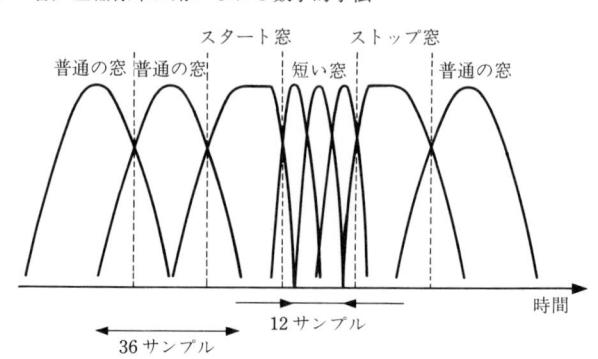

図 3.17 窓関数の変化パターン例

行われる．隣接した PFB の 32 帯域相互に対して，帯域境界に近いサンプルから 8 サンプルを入力としてバタフライ演算が行われる [1]．

ビットストリーム作成とビット保存　レイヤ III のビットストリーム構成は，ほぼレイヤ II に等しく，フレーム長も同一である．アタックを含むフレームにおける心理聴覚エントロピー，すなわち必要ビット数の増加に対処するため，ビット保存 (bit reservoir) が導入されている．これは，各フレームで発生する情報量の偏りを利用しており，各フレームで少しずつビットを保存する．アタックを含むフレームでエントロピーが増大すると，保存されているビットを通常のビットに追加して使用する．続く数フレームでは，保存量が最大許容保存量より少し下回るまで，少しずつビット蓄積を行う．

3.2.3.3　ステレオ符号化

標準アルゴリズムにおけるステレオ符号化は，オプションとして規定されている．左右チャネル信号間の相関を使用した情報量の圧縮は，ジョイントステレオモードで行われる．ジョイントステレオモードは，レイヤ I/II に対してインテンシティステレオ，レイヤ III に対してインテンシティと MS (Middle-Sides) からなるコンバインドステレオであると規定されている．

インテンシティステレオは，両チャネルの和信号と各チャネル信号の比を，本来の 2 チャネル信号の代りに用いる．MS ステレオは，両チャネルの和信号と差信号を，本来の 2 チャネル信号の代りに用いる．MS ステレオは最も簡単な 2 点直交変換であり，両チャネルの相関が大きいときには，得られた和信号と差信号の情報差が大きくなり，エネルギー偏在によるデータ圧縮効

果が期待できる.

3.2.4 MPEG 2/BC アルゴリズム [2, 3]

MPEG 2/BC アルゴリズムは,基本的に MPEG 1 アルゴリズムの拡張である.本節では,MPEG 2 アルゴリズムの概要を,MPEG 1 アルゴリズムとの相違点を中心として紹介する.

3.2.4.1 低サンプリング周波数アルゴリズム

64 kbit/s 以下の低ビットレートにおける高い品質を達成するため,MPEG 1 に対して 16 kHz, 22.05 kHz, 24 kHz を新たなサンプリング周波数として導入している.品質の目標は,ITU-T G.722[13] を上回ることである.MPEG 1 アルゴリズムと比較すると,新たにサンプリング周波数とビットレートを記述する領域がビットストリームに設けられており,ビット割当て表と心理聴覚モデルにも,変更が加えられている.

3.2.4.2 マルチチャネル／マルチ言語アルゴリズム

MPEG 1 を,3 チャネル以上のマルチチャネルオーディオに,またはマルチ言語に対応させるために導入された.MPEG 1 と互換性を有することが,ひとつの大きな特徴である.

マルチチャネルフォーマット　現在,専門家に推奨されているマルチチャネルフォーマットは,3/2 ステレオと呼ばれるものである.これは,通常の左右 (L/R) スピーカの中間にセンター (C) スピーカを,後方左右に 2 つのサラウンド (LS/RS) スピーカを配置する方式である.3/2 ステレオの代表的スピーカ配置 [14] を,図 3.18 に示す.3/2 ステレオを基本に,MPEG 2 アルゴリズムでは入出力として 9 種類のマルチチャネルフォーマットを定めている.さらに,オプションで低域強調チャネル (LFE) も付加することができる.LFE チャネルは,15 Hz から 120 Hz の情報を含み,サンプリング周波数はメインチャネルの 1/96 である.

マルチチャネルデータの冗長性を削減するために,チャネル間適応予測が導入されている.それぞれの周波数帯域内で,3 種類のチャネル間予測信号が計算され,センターチャネル,およびサラウンドチャネルの予測誤差だけが符号化される.

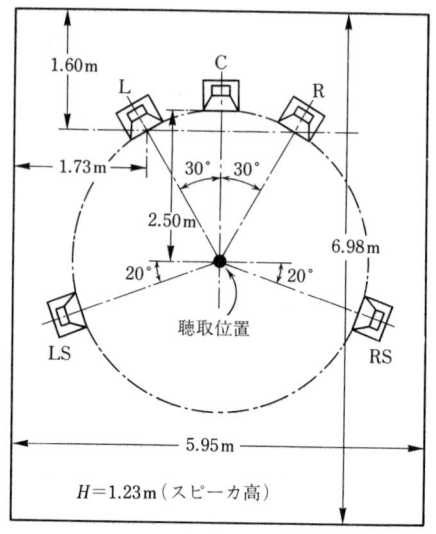

図 **3.18** 3/2 ステレオのスピーカ配置

MPEG 1 との互換性 前方,および後方互換性が保証される.後方互換性とは,MPEG 1 復号器が MPEG 2 符号化データのうち,(前方) 左右 2 チャネル (L_0, R_0) からなる基本ステレオ情報を復号できることを指す.これらの信号は,ダウンミックスによって規定される [2].前方互換性とは,MPEG 2 マルチチャネル復号器が,MPEG 1 アルゴリズムで規定されたビットストリームを適切に復号できることを指す.基本ステレオ情報以外の MPEG 2 符号化データは,アンシラリデータの領域に格納される.

3.2.5 MPEG 2/AAC アルゴリズム [4]

MPEG 2/AAC は,MPEG 1 および MPEG 2/BC に続く第 3 世代の符号化アルゴリズムである.MPEG 1 および MPEG 2/BC との互換性を廃することによって音質を向上し,5 チャネルを 320 kbit/s で符号化した際に,欧州放送連合 (EBU: European Broadcasting Union) が定めた放送品質を達成できる [15].これは,MPEG 1 のレイヤ II に比較して,約 1.5 倍の圧縮率に相当する.このためハードウェア規模は増大し,演算量は MPEG 1 および MPEG 2/BC の 2 倍,メモリは 4 倍必要であるといわれている.チャネル数は最大 7,MPEG 2/BC と同様に LFE も付加すると,7.1 チャネル構成が可能である.また,オーディオ規格では初めて,音質重視のメインプロファイル,ハード

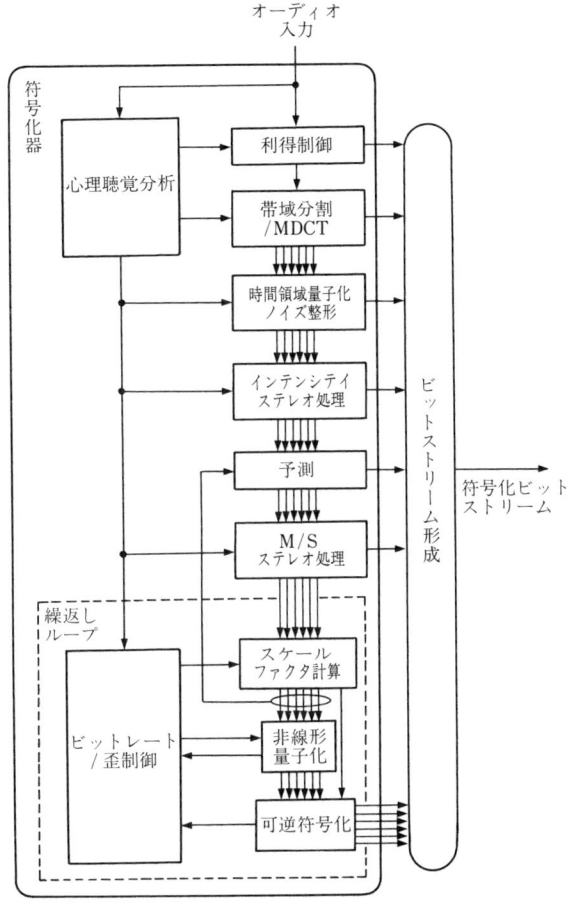

3.2 MPEG 1 オーディオから MPEG 2 オーディオへ

[図: MPEG 2/AAC の符号化処理ブロック図 — オーディオ入力、符号化器（心理聴覚分析、利得制御、帯域分割/MDCT、時間領域量子化ノイズ整形、インテンシティステレオ処理、予測、M/S ステレオ処理、スケールファクタ計算、非線形量子化、可逆符号化）、繰返しループ（ビットレート/歪制御）、ビットストリーム形成、符号化ビットストリーム]

図 3.19 MPEG 2/AAC の符号化処理

ウェア規模を重視したシンプルプロファイル，サンプリング周波数と帯域を階層化した SSR (Scaleable Sampling Rate) プロファイルから構成される，プロファイル構造を有する．SSR プロファイルでは，入力信号帯域の 3/4, 1/2 および 1/4 の帯域を符号化するアルゴリズムが規定されている．

　MPEG 2/AAC の符号化処理を図 3.19 に示す．MPEG 1 および MPEG 2/BC に含まれていない新たな処理は，時間領域量子化雑音整形 (Temporal Noise Shaping: TNS) および予測であり，可逆符号化は処理内容が変更されている．TNS は，量子化雑音を信号波形の振幅値に応じて整形することにより，音声

信号に対する品質向上をはかる．符号化時には，MDCT 係数の一部を時系列とみなして線形予測分析し，線形予測係数を用いたトランスバーサルフィルタ処理を，MDCT 係数系列に施す．復号時には，復号した MDCT 係数に逆処理である巡回型フィルタ処理を施す．

これらの処理によって，量子化雑音は信号波形の振幅が大きいところに集中する．なお，TNS は，予測利得がしきい値を超えた場合だけ，実行される．予測は，直前ブロックの量子化されたデータを用いて，現ブロックの TNS 出力を求め，これを実際の TNS 出力から差し引いて得られる予測誤差を量子化することにより，必要ビット数を削減する．各スペクトル成分に対して 2 次の格子型バックワード適応予測器が使用されている．符号化器と復号器で同一の予測器を使用するので，予測に関するサイド情報は復号器に伝達する必要がない．予測は，メインプロファイル以外では，使用されない．

可逆符号化では，極大値置換可逆符号化 [16] が採用されている．これは，量子化後のスペクトルにおいて，大きな振幅を有する成分を取り除いた後にハフマン符号化を行う．取り除いた成分に関する情報は，サイド情報として復号器に伝達される．使用するハフマン符号表のサイズを小さくできるため，復号演算量の増加なしに，約 41% の信号区間で音質を向上できる．

SSR プロファイルでは，プリエコー抑圧を目的とした利得調整を適用することもできる．利得調整は，入力信号振幅の急増部および急減部において時間軸に沿って階段状に変化する係数を乗算し，入力信号振幅を平坦化する．この操作により，帯域分割に続く MDCT において左右非対称の窓関数を使用する必要がなくなり，制御が簡単化される．

3.2.6 MPEG 1 および MPEG 2 の主観音質評価

MPEG 1 のハードウェアによる主観評価は，1991 年 5 月にストックホルムで 128，96，64 kb/s の全体評価 [17] を，1991 年 11 月にハノーバーで 64 kb/s の再評価 [18] を行った．また，MPEG 2/BC のハードウェアによる主観評価は，1993 年 11 月から 1994 年 2 月までベルリンのドイツテレコム FTZ とキングスウッドウォレンの BBC で行われた [14]．一方，MPEG 2/AAC の主観評価は，ソフトウェア符号化復号装置によって生成されたビットストリームを用いて，マルチチャネル評価とステレオ評価の 2 回に分けて行われた．マルチチャネル評価は，1996 年 9 月から 10 月に前出の BBC で [15]，ステレオ

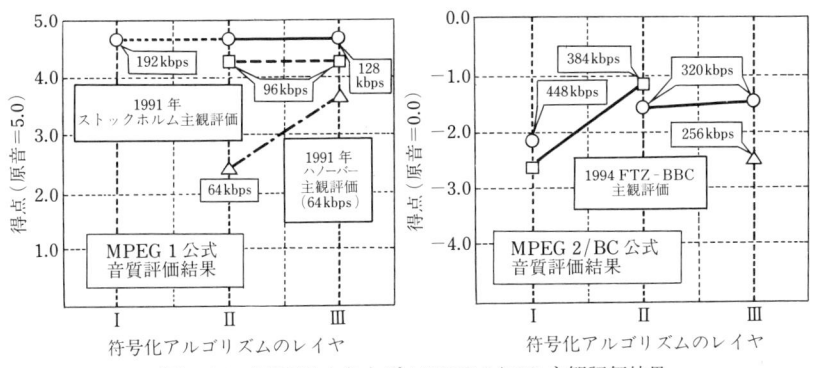

図 3.20 MPEG 1 および MPEG 2/MC 主観評価結果

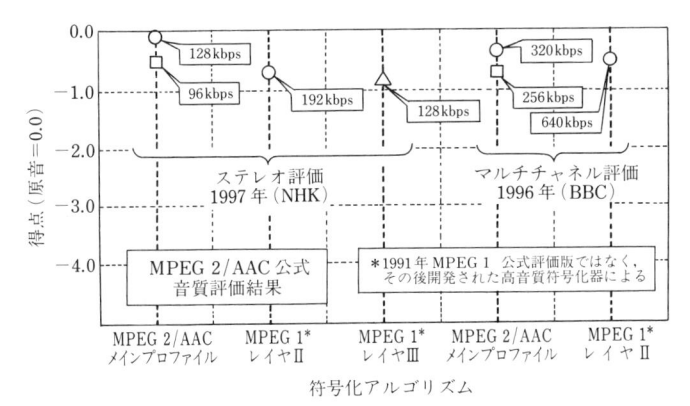

図 3.21 MPEG 2/AAC 主観評価結果

評価は，1997 年 11 月から 1998 年 1 月に東京の NHK[19] で行われた．

MPEG 1 および MPEG 2/BC の主観評価結果を図 3.20 に，MPEG 2/AAC の主観評価結果を図 3.21 に示す．MPEG 1 の各得点は，表 3.3 に示す ITU-R Rec.562 に規定された品質 [20] にそれぞれ相当する．実際には評価者の識別誤りなどもあり，原音の得点は通常 5.0 に達しない．これら 2 回の主観評価で，MPEG 1 のレイヤ II/III はともに，チャネル当たり 128 kb/s で放送局の局間伝送 (Distribution Purposes) に耐え得る品質であると認定された．

MPEG 2/BC の各得点は，MPEG 1 とは異なり，表 3.3 に示す ITU-R BS.1116 [21] によって評価され，縦軸が（評価音の得点－原音の得点）になるように表現されているので，原音が 0.0 に相当する．図から明らかなように，MPEG 2/

表 3.3 主観評価採点表

ITU-R Rec.562 採点表		ITU-R BS.1116 採点表	
得点	原音と比較した音質	得点	原音との違い
5.0	非常に良い	5.0	知覚できない
4.0	良い	4.0	知覚できるが気にならない
3.0	普通	3.0	少し気になる
2.0	劣化している	2.0	気になる
1.0	著しく劣化している	1.0	非常に気になる

BC の品質は多くの人に受入れられるレベル（5 段階評価で 4.0 以上）に達していない．この音質評価結果は，MPEG 2/AAC 標準化と MPEG 2/BC の改良努力継続 [22] の引き金になった．MPEG2 LSF の評価結果については，[23] に詳しい．

図 3.21 から明らかなように，MPEG 2/AAC は EBU の定める等価原音品質 [24] を満足する．マルチチャネル符号化の場合には，MPEG 2 レイヤ II の約半分のビットレートで同等以上の品質を達成できる，優れた符号化標準である．

参考文献

[1] ISO/IEC 11172-3 : "Coding of Moving Pictures and Associated Audio for Digital Storage Media at up to about 1.5 Mb/s – Part 3: Audio," Aug. (1993)

[2] ISO/IEC 13818-3 : "Generic Coding of Moving Pictures and Associated Audio Information – Part 3: Audio," May (1995)

[3] ISO/IEC 13818-3.2 : Second Edition, "Generic Coding of Moving Pictures and Associated Audio Information – Part 3: Audio," Apr. (1998)

[4] ISO/IEC 13818-7 : "Generic Coding of Moving Pictures and Associated Audio Information – Part 7: Advanced Audio Coding (AAC)," Dec. (1997)

[5] P. P. Vaidyanathan : "Multirate Systems and Filter Banks," Prentice-Hall (1993)

[6] E. Zwicker, 山田由紀子 訳：『心理音響学』西村書店 (1992)

[7] N. S. Jayant and P. Noll : "Digital Coding of Waveforms," Prentice-Hall (1984)

[8] H. G. Musmann : "The ISO Audio Coding Standard," Proc. Globecom'90, pp.0511-0517, Dec. (1990)

[9] A. Sugiyama et al. : "Adaptive Transform Coding with an Adaptive Block Size," Proc. ICASSP'90, pp.1093-1096, Apr. (1990)

[10] M. Iwadare et al. : "A 128 kb/s Hi-Fi Audio CODEC Based on Adaptive Transform Coding with Adaptive Block Size MDCT," IEEE JSAC, Vol.10, No.1, pp.138-144, Jan. (1992)
[11] テレビジョン学会編,『MPEG』オーム社 (1996)
[12] T. Mochizuki : "Perfect Reconstruction Conditions for Adaptive Blocksize MDCT," Trans. IEICE, vol. E77-A, No.5, pp.894-899, May (1994)
[13] CCITT Rec. G.722 : The CCITT Blue Book, Melbourne (1988)
[14] F. Feige et al. : "Report on the MPEG/Audio Multichannel Formal Subjective Listening Tests," MPEG94/063, Mar. (1994)
[15] D. Kirby et al. : "Report on the Formal Subjective Listening Tests of MPEG 2 NBC Multichannel Audio Coding," ISO/IEC JTC1/SC29/WG11 N1419, Nov. (1996)
[16] 高見沢他,「極大値置換可逆符号化方式とそのオーディオ符号化への適用」, 電子情報通信学会論文誌 A, vol. J80-A, No.9, pp.1388-1395, 1997 年 9 月
[17] S. Bergman et al. : "The SR Report on the MPEG/Audio Subjective Listening Test, Stockholm April/May 1991," ISO/IEC JTC1/SC29/WG11 MPEG91/010, May (1991)
[18] H. Fuchs : "Report on the MPEG/Audio Subjective Listening Tests in Hannover," ISO/IEC JTC1/SC29/WG11 MPEG91/331, Nov. (1991)
[19] D. Mears et al. : "Report on the MPEG/AAC Stereo Verification Tests," ISO/IEC JTC1/SC29/WG11 N2006, Feb. (1998)
[20] CCIR Recommendation 562
[21] ITU-R Recommendation BS.1116 : "Methods for the Subjective Assessment of Small Imparments in Audio Systems including Multichannel Sound Systems," Geneva (1994)
[22] Convenor : "Ad-hoc Group on MPEG 2 Audio Technical Report," ISO/IEC JTC1/SC29/WG11 N0866, Nov. (1994)
[23] Audio Subgroup : "Report on the Subjective Testing of Coders at Low Sampling Frequencies," ISO/IEC JTC1/SC29/WG11 N0848, Nov. (1994)
[24] ITU-R Document TG10-2/3, Oct. (1991)

3.3 AC-3 から AAC へ

MPEG 1 [1] および MPEG 2 BC [2] のレイヤ I, II のオーディオ符号化方式は，帯域分割フィルタを用いて入力時間信号を 32 の帯域信号に分割し，この帯域信号を所定のサンプルごとにフレームとして符号化するサブバンド符号化方式である．この方式は時間分解能を高くとれるものの周波数分解能は

帯域分割数で決まってしまうため，精密な聴覚モデルを適用して周波数領域における量子化雑音を細かくコントロールすることが難しい．周波数分解能を上げるには分割帯域数を増やせばよいが，適切な特性を得るためには分割フィルタの次数を上げる必要があり帯域数の増加とあいまって演算規模が現実的ではなくなってしまう．

そこで AC-3 や AAC は，入力時間信号を所定のサンプルごとに周波数信号に変換して符号化する変換符号化方式を採用し，高い周波数分解能を実現することにより精密な聴覚モデルを適用できるようにした．AC-3 は Dolby が開発した符号化方式 [6] であり，AAC は MPEG 2 AAC (Advanced Audio Coding) と呼ばれる国際標準の符号化方式 [3] [5] である．AAC のエンコーダおよびデコーダの C 言語によるソースコードはテクニカルレポート [4] として発行されている．

変換符号化方式は時間信号から変換した周波数信号をフレームとし，聴覚特性に合わせた複数のバンドに分割して，バンドごとに正規化を行い量子化および符号化を行う．AAC ではこのバンドをスケールファクタバンドと呼び，符号化にハフマン符号を用いている．

また，サブバンド符号化方式と変換符号化方式を組み合わせた符号化方式もあり，MPEG 1 並びに MPEG 2 BC のレイヤ III および AAC の SSR (Scaleable Sampling Rate) プロファイルが，サブバンドに分割した後の各帯域の時間信号を周波数信号に変換する方式を採用している．

本節では AC-3 および AAC に採用された以下の数学的手法について述べる．

- 変換符号化方式と MDCT for AC-3 and AAC
- 予測器 for AAC
- TNS for AAC

3.3.1 変換符号化方式と MDCT

3.3.1.1 変換符号化方式

オーディオ信号の変換符号化は，音声信号を分析する場合と同様に変換時の端点の分析結果への影響を避けるために，通常両端の振幅が徐々に 0 に近づくような窓を時間信号にかけてから周波数信号に変換を行う．この場合，隣接するフレームの分析結果が滑らかに接続されないと聴感上雑音として聞え

てしまうため，オーバーラップしながら窓をかけて周波数信号に変換する手法がとられる．

しかしオーバーラップすることにより，変換前の信号のサンプル数 N より変換後の周波数信号の数 M が多くなると，符号化しなければいけないデータ数が増加することになる．効率よく符号化するためには $M \leq N$ を満たすことが望ましい．

さらに，音声信号の符号化の場合は，通常音声モデルのパラメータに信号を変換してから符号化するため，必ずしも分析合成後の波形が完全に元に戻る必要はないが，オーディオ信号を高音質に符号化する場合は，変換後に量子化等をしないで逆変換したときに完全に波形が再構成されることが望ましい．

以上の条件を満たす変換方式に MDCT(Modified Discrete Cosine Transform) がある．AC-3 や AAC だけでなく，Sony が開発した ATRAC および ATRAC2 や，NTT が開発した TwinVQ など近年の多くの変換符号化方式に MDCT が採用されている．

3.3.1.2　MDCT [7]

MDCT は IV 型 DCT をベースとした変換式を持ち，以下の手順により変換および逆変換を行う．

(1) 窓かけ (順変換用)

入力時間信号 $x(n)$ に順変換用の窓 $w_1(n), 0 \leq n < 2M$ をかける．

$$x_{1,J}(n) = w_1(n)x(n + JM), \ 0 \leq n < 2M \tag{3.72}$$

(2) 順変換

窓かけした後の信号 $x_{1,J}(n)$ を次式により MDCT 係数 $X_J(k)$ に変換する．

$$X_J(k) = \frac{2}{M} \sum_{n=0}^{2M-1} x_{1,J}(n) \cos\left(\frac{\pi(2k+1)(2n+M+1)}{4M}\right), \ 0 \leq k < M \tag{3.73}$$

(3) 逆変換

MDCT 係数 $X_J(k)$ を次式により逆変換する．

$$x_{2,J}(n) = \sum_{k=0}^{M-1} X_J(k) \cos\left(\frac{\pi(2k+1)(2n+M+1)}{4M}\right), \ 0 \leq n < 2M \tag{3.74}$$

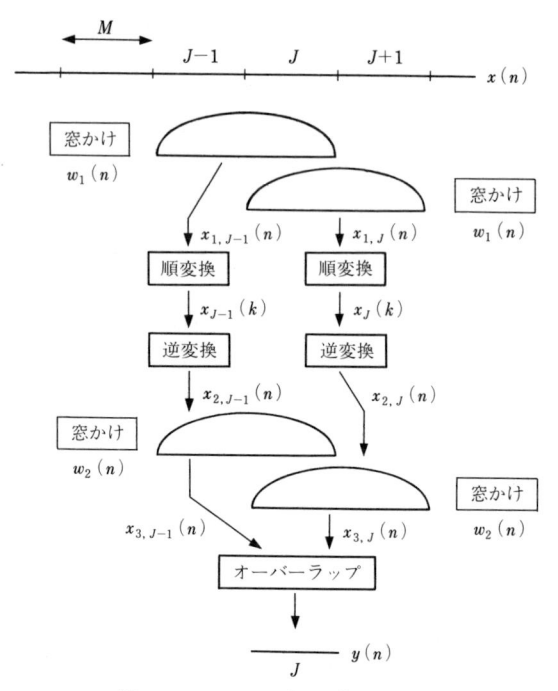

図 3.22 MDCT および IMDCT

(4) 窓かけ (逆変換用)

逆変換後の信号 $x_{2,J}(n)$ に逆変換用の窓 $w_2(n), 0 \leq n < 2M$ をかける.

$$x_{3,J}(n) = w_2(n)x_{2,J}(n), \quad 0 \leq n < 2M \tag{3.75}$$

(5) オーバーラップ

J-1 番目の $x_{3,J-1}(n)$ の後半部分と, J 番目の $x_{3,J}(n)$ の前半部分を加え合わせることにより出力時間信号 $y(n+JM)$ を得る.

$$y(n+JM) = x_{3,J-1}(n+M) + x_{3,J}(n), \quad 0 \leq n < M \tag{3.76}$$

以上のように長さ $2M$ の窓をかけ 50%オーバーラップさせながら変換を行うことにより, M 個の実係数を得ることがわかる. すなわち M 個の入力サンプルに対し M 個の係数を得ることになり符号化する数値の数は増加しない. MDCT および IMDCT(逆 MDCT) 処理の様子を図 3.22 にまとめた.

順変換して逆変換した信号 $x_{2,J}(n)$ は, 以下のようなエリアシング成分を含んだ状態になる.

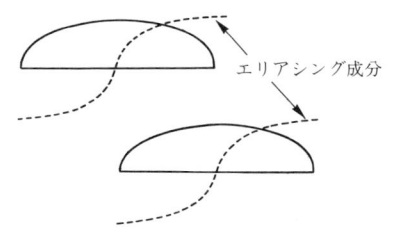

図 3.23 MDCT のエリアシング成分

$$x_{2,J}(n) = \begin{cases} -x_{1,J}(M-1-n) + x_{1,J}(n), & 0 \leq n < M \\ x_{1,J}(3M-1-n) + x_{1,J}(n), & M \leq n < 2M \end{cases} \quad (3.77)$$

図 3.23 はエリアシングが起きている様子を示したものである.

上式の $x_{2,J}(n)$ に逆変換用の窓 $w_2(n)$ をかけオーバーラップすると,出力信号 $y(n+JM)$ は下式のように求められる.

$$\begin{aligned} y(n+JM) = & w_2(n+M)[w_1(2M-1-n)x((J+1)M-1-n) \\ & + w_1(n+M)x(JM+n)] \\ & + w_2[-w_1(M-1-n)x((J+1)M-1-n) \\ & + w_1(n)x(JM+n)] \end{aligned} \quad (3.78)$$

MDCT する前の信号 $x(n)$ と,MDCT した後に IMDCT した信号 $y(n)$ が完全再構成して一致するためには,上式より窓関数 $w_1(n)$ と $w_2(n)$ が以下の 2 式を満たす必要がある.

$$w_1(n)w_2(n) + w_1(n+M)w_2(n+M) = 1, \ 0 \leq n < M \quad (3.79)$$

$$w_1(2M-1-n)w_2(n+M) - w_1(M-n-1)w_2(n) = 0, \ 0 \leq n < M \quad (3.80)$$

1 つ目の式は順変換および逆変換した後の波形の振幅が同じになることを保証するものであり,2 つ目の式はエリアシング成分をキャンセルするためのものである.この条件を満たす窓関数であればどのような形の窓でもよいわけであるが,窓によってメインローブおよびサイドローブの形が異なり分析結果が変るため注意が必要となる.

ここで順変換と逆変換の窓が以下のように同一で対称とすると,

$$w_1(n) = w_2(n) = w(n), \ 0 \leq n < 2M \quad (3.81)$$

$$w(2M-1-n) = w(n), \ 0 \leq n < M \quad (3.82)$$

となるから，この場合，窓関数は以下の条件を満たせばよい．

$$w^2(n) + w^2(n+M) = 1, \ 0 \leq n < M \tag{3.83}$$

この条件を満たす窓の一例にサイン窓がある．サイン窓の式を以下に示す．

$$w_{\sin}(n) = \sin\left(\frac{\pi}{N}\left(n + \frac{1}{2}\right)\right), \ 0 \leq n < 2M \tag{3.84}$$

MDCT および IMDCT の演算は DCT の場合と同様に FFT および IFFT を使って高速に行うことができる．[8][9]

3.3.1.3 プリエコーとブロックスイッチング

変換符号化方式は，所定の時間ごとに時間信号を周波数信号に変換して，その周波数信号を量子化するわけであるが，量子化後の周波数信号を時間信号に逆変換すると，量子化雑音が逆変換後の時間信号全体に拡がってしまう．

入力信号の振幅が前半小さく，後半大きいような過渡的な信号が入力された場合，前半部に重畳した量子化雑音が信号成分にマスキングされずに聞えてしまうという現象が起きる．これをプリエコーと呼ぶ．一例を図 3.24 に示す．

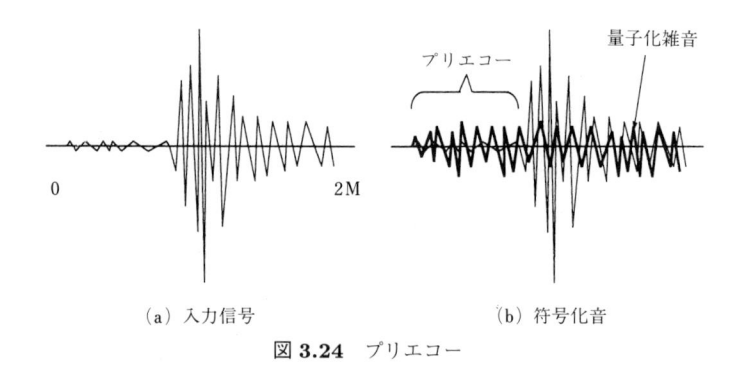

(a) 入力信号　　　　　(b) 符号化音

図 **3.24** プリエコー

プリエコーを低減させる代表的な方法は，時間信号を周波数信号に変換する際の変換長を切替えるブロックスイッチングと呼ばれる方法である．この方法はプリエコーが聞えそうな信号が入力された場合に短い変換長に切替えることにより実現する．ブロックスイッチングは AC-3 および AAC の双方で使用されている．プリエコーを低減させるもう一つの方法はゲインコントロー

ルと呼ばれる方法で，AAC の SSR プロファイルにブロックスイッチングとともに採用されている．

3.3.1.4　AC-3 の MDCT

256 サンプルをオーディオブロックとし，6 個のオーディオブロックごとに 1 つのフレームとしている．MDCT は各オーディオブロックごとに 512 の長さ 1 回もしくは 256 の長さ 2 回の変換を選択して行う．窓関数は Kaizer-Bessel 窓をベースに算出した窓を用いている．

3.3.1.5　AAC の MDCT

1024 サンプルを 1 つのフレームとしている．MDCT は 2048 の長さ 1 回もしくは 256 の長さ 8 回の変換を選択して行う．2048 の長さ 1 回の MDCT（ロング）と 256 の長さ 8 回の MDCT（ショート）の間を滑らかにつなぐために，スタートおよびストップという非対称の窓を用いている．非対称の窓であるがオーバーラップする部分では対称に窓がかかる．窓関数はサイン窓と Kaizer-Bessel 窓をベースに算出した窓をフレームごとに切替えることができる．

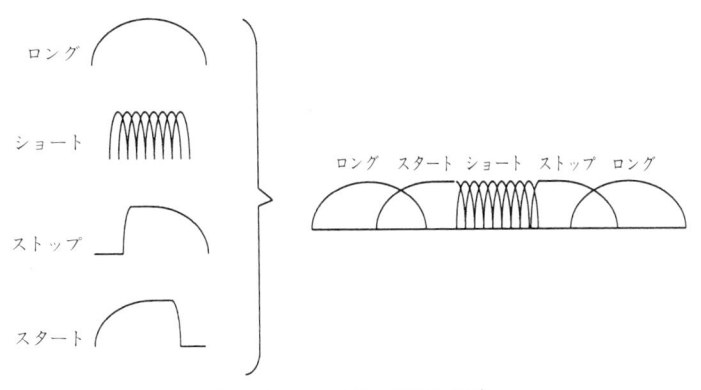

図 3.25　AAC の MDCT 用窓

3.3.2　予測器

AAC の Main プロファイルのショートの窓以外で使用できる．あるフレームの MDCT 係数を直前およびその前のフレームの MDCT 係数から予測器を使って予測し，実際の MDCT 係数の値と予測値との差分を符号化 すること

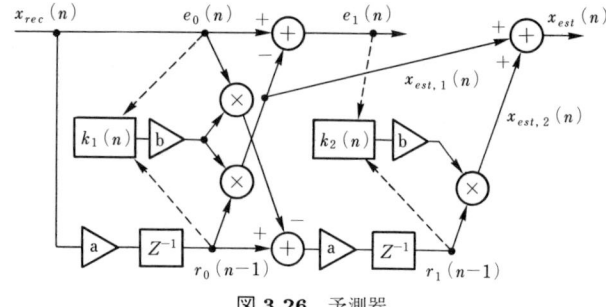

図 3.26 予測器

により，定常的な信号が入力された場合の符号化効率を上げる．48 kHz サンプリングの場合，約 16 kHz までの各 MDCT 係数ごとに合計 672 個の予測器を持つ．デコーダへは予測残差のみを送り予測係数は送らない．そのためデコーダでもエンコーダと同じ予測器を持ちエンコーダと同じ計算を行う必要がある．各予測器は図 3.26 に示す 2 次のバックワードアダプティブ格子型予測器である．

予測値 $x_{est}(n)$ は以下のように求められる．

$$x_{est}(n) = x_{est,1}(n) + x_{est,2}(n) \tag{3.85}$$

ここで

$$x_{est,1}(n) = b\, k_1(n)\, r_{q,0}(n-1) \tag{3.86}$$

$$x_{est,2}(n) = b\, k_2(n)\, r_{q,1}(n-1) \tag{3.87}$$

であり，$a = b = 0.953125$ である．予測器の各値の更新は以下の式で行う．

$$r_{q,0}(n) = a\, x_{rec}(n) \tag{3.88}$$

$$r_{q,1}(n) = a\, (r_{q,0}(n-1) - b\, k_1(n) e_{q,0}(n)) \tag{3.89}$$

$$e_{q,0}(n) = x_{rec}(n) \tag{3.90}$$

$$e_{q,1}(n) = e_{q,0}(n) - x_{est,1}(n) \tag{3.91}$$

$k_m(n+1), m = 1, 2$ は以下の式により求める．

$$k_m(n+1) = \frac{COR_m(n)}{VAR_m(n)} \tag{3.92}$$

ここで,

$$COR_m(n) = \alpha COR_m(n-1) + r_{q,m-1}(n-1)e_{q,m-1}(n) \quad (3.93)$$

$$VAR_m(n) = \alpha VAR_m(n-1) + 0.5(r_{q,m-1}^2(n-1) + e_{q,m-1}^2(n)) \quad (3.94)$$

であり,$\alpha = 0.90625$ である.

各予測器は予測器の内部状態を示す上記の値のうち r_0, r_1, COR_1, COR_2, VAR_1, VAR_2 の6個の値を次のフレームにおける計算のために保持する必要がある.これらの値を16ビットのIEEE浮動小数点として表現することにより保持用のメモリ量の削減を図っている.

スケールファクタバンドごとに符号化すべき値 $y(n)$ を予測残差とするか MDCT 係数 $x(n)$ のままとするかを補助情報 $prediction\_used$ を使って以下のように選択できる.

$$y(n) = \begin{cases} x(n) - x_{est}(n), & if\ prediction\_used = 1 \\ x(n), & otherwize \end{cases} \quad (3.95)$$

したがって,予測器への入力 $x_{rec}(n)$ は $y(n)$ の量子化後の値を $y_q(n)$ とすると以下のようになる.

$$x_{rec}(n) = \begin{cases} x_{est}(n) + y_q(n), & if\ prediction\_used = 1 \\ y_q(n), & otherwize \end{cases} \quad (3.96)$$

また,ビットストリームの途中からデコードを開始する場合を考慮し,予測器をグループに分け,所定のフレーム数ごとに予測器をリセットするようにしている.リセットは,$r_0(n) = r_1(n) = 0$, $COR_1(n) = COR_2(n) = 0$, $VAR_1(n) = VAR_2(n) = 1$ とすることにより行う.

3.3.3 TNS

通常 LPC (Linear Predictin Coding) は音声信号の時間信号に対して適用し,音声スペクトルの包絡成分とピッチ成分を分離する目的に使用される.AAC では周波数信号である MDCT 係数に対して LPC 処理を行うことにより,時間信号上の量子化雑音の発生の分布をコントロールする目的に用いている.この方法を TNS (Temporal Noise Shaping) と呼ぶ.この処理によりピッチ周波数の低い男性音声などの音質を向上させることができる.

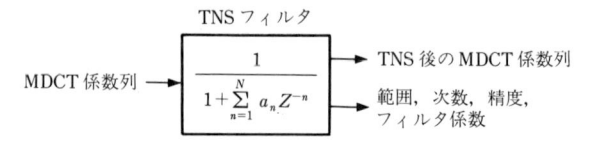

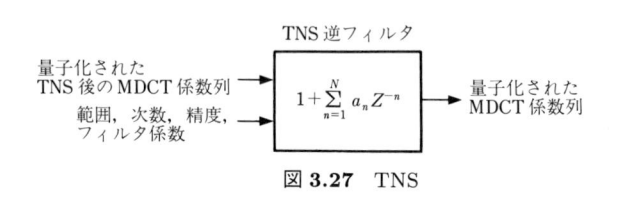

TNS フィルタ

MDCT 係数列 → $\dfrac{1}{1+\sum_{n=1}^{N} a_n Z^{-n}}$ → TNS 後の MDCT 係数列

範囲，次数，精度，フィルタ係数

TNS 逆フィルタ

量子化された TNS 後の MDCT 係数列 → $1+\sum_{n=1}^{N} a_n Z^{-n}$ → 量子化された MDCT 係数列

範囲，次数，精度，フィルタ係数 →

図 3.27　TNS

符号化しようとしている MDCT 係数を図 3.27 に示すように LPC フィルタで構成される TNS フィルタに入力し，フィルタ出力を量子化および符号化するとともにフィルタ係数などの補助情報も符号化する．デコーダではエンコーダと逆特性のフィルタに通すことにより量子化された MDCT 係数を得る．フィルタ係数は時間信号の包絡成分を表しているため，MDCT 係数の量子化による量子化雑音の影響を受けないことになる．LPC フィルタについては音声の符号化と同様のものを用いるのでここでは説明を省略する．

参考文献

[1] ISO/IEC JTC1/SC29/WG11 IS 11172-3 (MPEG-1 Audio)
[2] ISO/IEC JTC1/SC29/WG11 IS 13818-3 (MPEG-2 BC Audio)
[3] ISO/ICE JTC1/SC29/WG11 IS 13818-7 (MPEG-2 Advanced Audio Coding)
[4] ISO/ICE JTC1/SC29/WG11 IS 13818-5 (MPEG-2 Technical Report)
[5] Bosi,M., Brandenburg,K., Quakenbush,S., Fielder,L., Akagiri,K., Fuchs,H., Diets,M., Herre,J., Davidson,G. and Oikawa,Y. : "ISO/IEC MPEG-2 Advanced Audio Coding", J. Audio Eng. Soc, Vol45, No.10, October (1997)
[6] United States Advanced Television Systems Committe : "ATSC Digital Audio Compression Standard (AC-3)", Document A/52, December 20 (1995)
[7] Princen,J.P., Johnson,A.W. and Bradley,A.B. : "Subband/Transform Coding Using Filter Bank Design Based on Time Domain Aliasing Cancellation", IEEE Intl. Conf. on Acoustics, Speech, and Signal Proc., 2161-2164, Dallas (1987)
[8] Sevic,D. and Popovic,M. : "A new efficient implementation of the oddly-stacked Princen-Brandley filter bank.", IEEE Signal Proc. Lett., 1(11), Nov. (1994)
[9] 岩垂，西谷，杉山，「MDCT 方式に関する一検討と高速算法」，信学技報，CAS90-9, DSP90-13

3.4 MPEG 4 オーディオ

3.4.1 機能と用途

　MPEG 4 の標準化は 1995 年より本格的な活動が始まり，アルゴリズムの公募，評価試験，参照モデル (verification model) の作成，提案と実験による改訂を経て，version 1 の仕様が 1999 年に国際標準として承認された．

　これまでの MPEG オーディオ標準が蓄積を主目的とした高品質の楽音符号化であったのに対して，MPEG 4 では低ビットレートの電話音声帯域の音声符号化や合成音楽，合成音声まで含む大掛かりなものとなっている．これをカバーするアルゴリズムも多様で，ビットレートごとに有力な方式が勢ぞろいしている状況である．機能としても情報圧縮効率の改善だけでなく，ビットレートや帯域幅スケーラビリティやユーザの制御性，符号誤り耐性なども含み，広い範囲への柔軟な用途への適用を想定している．なお，ここで使われているスケーラブルとはビット列の一部分からでも意味のある信号が再生できる機能で，エンベデッド (embedded) 符号化，レイヤード (layered) 符号化と呼ばれることもある．

　想定される用途は放送，通信，コンピュータが融合された領域で，多様な情報媒体，手段，形態に応用可能で，音と映像を組み合わせた用途はもちろん，音だけの用途もコストが安く，広く普及する可能性がある．また分野ごとの用途としては通信，教育，医療，娯楽，検索等あり，その範囲の広さ，発展の可能性，市場の規模などの推定は難しい．

　なお ITU-T の標準が符号器と復号器の厳密な規格であるのに対し，MPEG はビット列とそれと不可分の復号機能を必須 (normative) とする仕様規格であり，符号器およびビット列に依存しない後処理は参考情報 (informative) である．このためエンコーダの改善や後処理の改善の余地がある反面，標準規格として品質の保証はない．符号器やシステムとしての品質は製造メーカやサービス提供者が考える必要がある．また，参照ソフトも復号器部分は規格の別表現と見なせるが，符号器は一実現例である．

3.4.2 プロファイル

　プロファイルは相互接続性と用途を考慮した分類法である．例えば MPEG 4 オーディオで定義されたすべてのビット列から音を作ることができれば万能

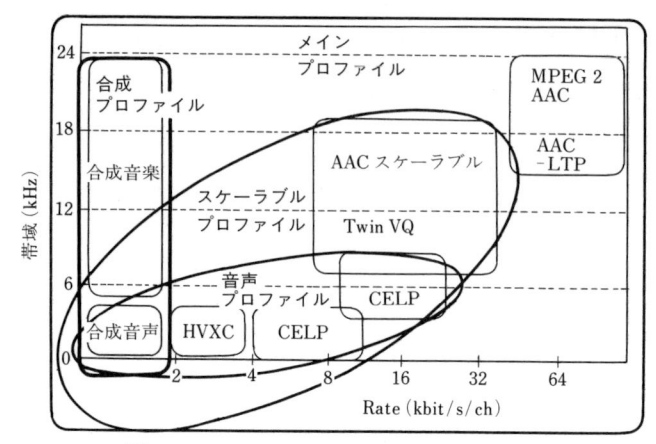

図 **3.28** MPEG 4 オーディオのプロファイル

であるが，復号器の規模は相当大きくなってしまう．一方，個々のオブジェクトを個別の用途ごとにばらばらに使うと最適な規模のデコーダができるが，共通性が失われ相互接続や，チップの共用ができなくなる．この矛盾を緩和するために MPEG 4 オーディオでは図 3.28 のような包含関係を持つ 4 つのプロファイルを定義している．

メインプロファイルはすべてのオブジェクトを含むものでパソコンなどのソフトデコーダを想定している．このプロファイルは MPEG 2 AAC も含むすべてのオブジェクトを含む．スケーラブルプロファイルは携帯端末などの小型のマルチメディアデコーダの用途を想定しており，音声プロファイルを含む．音声プロファイルは双方向の音声通信用途にも利用可能である．なおオブジェクトとはひとまとまりの符号化方式（アルゴリズム）に対応し，表 3.4 に示したツールは符号化と組み合わせて使う処理または符号化そのものである．

さらに同じプロファイルの中でも，デコーダのハードウェアの規模をレベルで階層的に定義している．例えばデコーダで必要な CPU の処理能力は，サンプリング周波数とチャネル数に比例するので，メモリ量と処理能力で階層化している．

表 3.4 オブジェクトとツール

オブジェクト	含まれるツール
AAC-main	MPEG 2 AAC-main, PNS
AAC-SSR	MPEG 2 AAC-SSR, PNS
AAC-LC	MPEG 2 AAC-LC, PNS
AAC-LTP	AAC-LC, LTP, PNS
AAC スケーラブル	AAC-LC, LTP, PNS, TLSS
TwinVQ	TwinVQ, LTP
CELP	CELP
HVXC	HVXC
TTSI	TTSI
メイン合成	SA ツール, SABSF, MIDI
wavetable 合成	SABSF, MIDI
general MIDI	MIDI

3.4.3 音声符号化アルゴリズム

3.4.3.1 基本構成

音声符号化は 8 kHz サンプルに対して 2〜4 kbit/s の HVXC, 4〜12 kbit/s の CELP, 16 kHz サンプルに対して 12〜24 kHz の CELP を使う. アルゴリズム遅延は 40 ms 以下で, 双方向の通信への適用を想定しているが, 蓄積や放送にも適用可能である. ITU-T では 5.3/6.3 kbit/s の G.723.1, 8 kbit/s の G.729 があるが, MPEG 4 CELP はひとつの枠組みで 4〜12 kbit/s に柔軟に対応できる. さらにスケーラブル符号化やステレオ信号の符号化も可能である. また 2〜4 kbit/s の符号化, 16 kHz サンプルでの 12〜24 kbit/s の ITU-T の標準符号化はまだない.

3.4.3.2 HVXC (Harmonic Vector eXcitation Coder : ハーモニックベクトル励振符号化)

HVXC は有声音区間の音声をピッチ周期とその倍数のハーモニスに対応する複数の正弦波でモデル化する. この際, 正弦波の振幅すなわちスペクトルのピークを, 線形予測包絡とベクトル量子化で効率よく量子化する. ピークの数はピッチ周期で変化するが, 一定の次元数に変換して, 2 つの符号帳ベクトルの和で表すベクトル量子化を行う. デコーダではスペクトルピークの

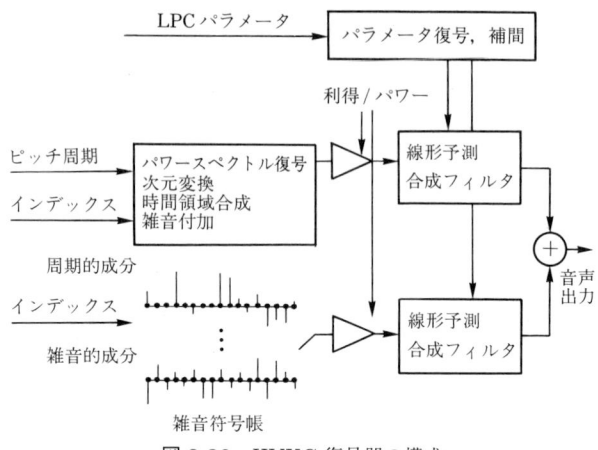

図 3.29 HVXC 復号器の構成

値を逆 FFT した波形をサンプリング変換と隣のフレームとの重ね合わせで音声の合成を行う．ピーク付近のパワースペクトルは再現されるが，その位相や時間領域の波形は入力音声と異なる．また無声音では雑音励振ベクトルのベクトル量子化，すなわち CELP で符号化される．また 2 つの中間の有声無声混合モードも 2 種類用意してある．線形予測スペクトル包絡パラメータとしては，LSP パラメータのフレーム間予測多段ベクトル量子化を使っている．図 3.29 は HVXC のデコーダの処理である．2 kbit/s+2 kbit/s のスケーラブル符号化が可能で，また再生スピードやピッチの変更がデコーダで容易に実行できる．

3.4.3.3　CELP（Code Excitation Liner Prediction：符号励振線形予測）

CELP は 8 kHz 8 kbit/s 前後の代表的な方式で，最近の世界各国の携帯電話の標準や ITU-T の標準にもよく使われている．図 3.30 のように適応符号ベクトルの励振成分と雑音励振成分に利得をかけて線形予測合成フィルタで音声を合成する．雑音励振ベクトルの構成は RPE（Regular Pulse Excitation：規則パルス励振）との対比で MPE（Multi Pulse Excitation：マルチパルス励振）と呼ばれているが，内容的には G.729 などで使われている ACELP（Algebraic CELP：代数 CELP）と同じで，あらかじめ位置の組合せを指定した単一振幅の複数パルスある．16 kHz サンプルのみで，RPE の雑音性励振源モードが選択可能で，品質は MPE に劣るが，エンコーダの演算量が小さいという特徴

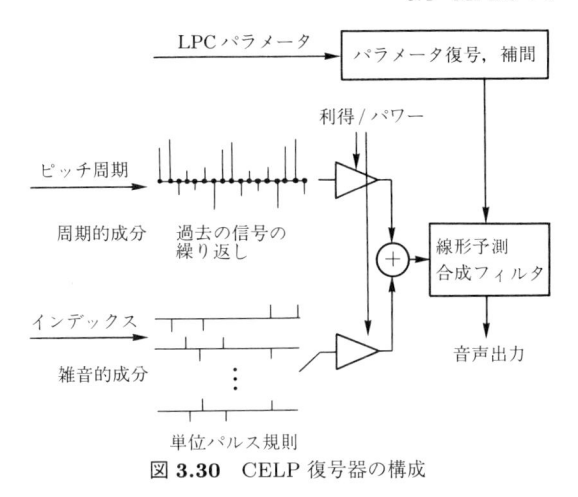

3.4 MPEG 4 オーディオ 131

図 3.30 CELP 復号器の構成

がある．スペクトル包絡パラメータの量子化は次数や符号帳は異なるが，基本符号化法は HVXC と共通である．指定されたビットレートに合わせて，フレーム長やパルス数を自動的に設定するので，選択の自由度が大きい．ビットレートは 8 kHz の場合，3.85 kbit/s から 0.2 から 0.4 kbit/s ステップで 12.2 kbit/s まで選択可能で，16 kHz の場合 10.9 kbit/s から 23.8 kbit/s まで選択可能である．励振ベクトルの量子化を階層的に連結することでビットレートと帯域幅のスケーラブル符号化が実現できる．さらに入力波形との歪を最小とする励振ベクトルが選ばれるので，次節の音響符号化と組み合わせたスケーラブル符号化の初段の符号化としても利用できる．

3.4.4 音響符号化アルゴリズム

3.4.4.1 基本構成と AAC

一般の音響あるいは楽音の符号化は，AAC（Advanced Audio Coder）と TwinVQ が基本アルゴリズムである．MPEG 4 AAC は MPEG 2 AAC と互換性を保って，さらに低ビットに機能拡張を行っている．16 kbit/s 以下程度では TwinVQ が利用可能である．AAC LTP オブジェクトは MPEG 2 AAC-LC と PNS, LTP を組み合わせるもので，AAC スケーラブルオブジェクトはさらに FSS を含み，スケーラブル符号化を実現する．TwinVQ オブジェクトは TwinVQ と LTP を組み合わせることができるが，このほか AAC のステレオ符号化，TNS（Time-domain Noise Shaping：時間領域雑音成形）との組合せ

図 3.31 音響符号化の構成

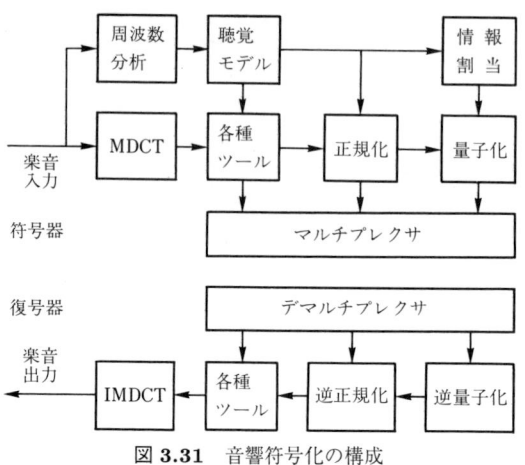

も可能である．

スケーラブルプロファイルは AAC スケーラブルオブジェクトに TwinVQ, CELP, HVXC を組み合わせる．この結果 8 kHz から 96 kHz までの多チャネルの信号に対し，6 kbit/s 以上で符号化が可能で，さらに柔軟な構成のスケーラブル符号化が可能になる．

音響符号化の基本構成を図 3.31 に示す．このようなブロック図では MDCT 係数を適応的に量子化する意味で，ミニディスクの ATRAC やアメリカのディジタル放送や DVD で使われている AC-3 と大差はない．AAC では量子化歪を軽減するツールやパラメータの選択が柔軟に行えるようになっている．AAC 本体の符号化については MPEG 2 の項で詳しく説明するので，この節では省略する．MPEG 4 で追加された PNS, LPT, FSS のツールについては次節の基本処理で説明する．

3.4.4.2 TwinVQ (Transform-domain Weight Interleave Vector Quantization：変換領域重み付けインターリーブベクトル量子化)

TwinVQ は AAC 等と同じ変換符号化で，特に低ビットでの品質の劣化が少なく，誤り耐性やランダムアクセスが容易であるなどの特徴がある．これは AAC などの典型的な楽音符号化では，可変ビット，可変長符号を使っているが，TwinVQ では固定ビット，固定ビット割当てであることによる．MDCT 係数の量子化に先だって，線形予測包絡，バーク尺度ごとの包絡で平坦化す

3.4 MPEG 4 オーディオ

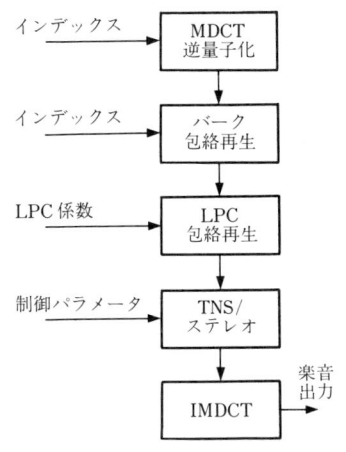

```
インデックス ──→ ┌─────────┐
                │ MDCT    │
                │ 逆量子化 │
                └────┬────┘
                     ↓
インデックス ──→ ┌─────────┐
                │ バーク  │
                │ 包絡再生 │
                └────┬────┘
                     ↓
LPC 係数 ────→ ┌─────────┐
                │ LPC     │
                │ 包絡再生 │
                └────┬────┘
                     ↓
制御パラメータ ──→ ┌─────────┐
                │ TNS/    │
                │ ステレオ │
                └────┬────┘
                     ↓          楽音
                ┌─────────┐    出力
                │ IMDCT   │ ────→
                └─────────┘
```

図 **3.32** TwinVQ 復号器の構成

る．平坦化した MDCT 係数をインターリーブしたあとで分割して 2 つの符号帳の和で表現する共役符号帳を利用する．復号処理はこの逆で図 3.32 に示す．

分析フレーム長は AAC と共通の 1024 または 960 点で，ベクトル量子化の符号帳も共通符号帳としてすべてのサンプリング周期とビットレートに対応でき，比較的小規模（総計約 10 kword）である．TwinVQ 単独の符号化，スケーラブル符号化だけでなく，AAC と組み合わせたスケーラブル符号化も可能になっている．またステレオ符号化，LTP，変換窓の切り換えなど多くのツールや処理が AAC と共用できる．

3.4.5 情報圧縮の基本原理

3.4.5.1 概要

本節では音声楽音圧縮符号化に絞って，その要素技術を説明する．基本アルゴリズムは HVXC, CELP, AAC, TwinVQ で，それぞれいくつかの基本信号処理あるいはツールの組み合わせで構成されている．図 3.33 はこれらの相互の関係を示している．

MPEG 2 オーディオに関する基本処理やツール類（TNS，ステレオ統合符号化，後方予測）については MPEG 2 の項で，線形予測，LSP パラメータ，CELP の励振ベクトルの構成については ITU-T の標準化で説明するので，本節では省略する．

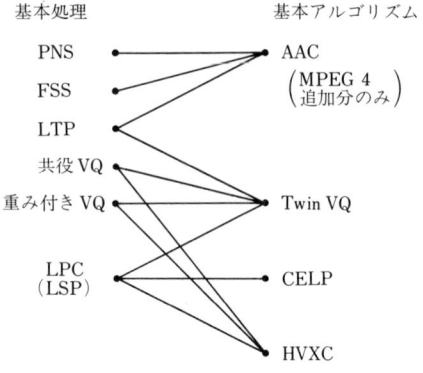

```
       基本処理                基本アルゴリズム
        PNS    •          • AAC
        FSS    •          ⎛ MPEG 4  ⎞
                          ⎝ 追加分のみ ⎠
        LTP    •
       共役 VQ  •
      重み付き VQ •          • Twin VQ
        LPC
       (LSP)   •          • CELP

                          • HVXC
```

図 **3.33** 基本処理とアルゴリズムの対応関係

3.4.5.2　ベクトル量子化

・ベクトル量子化の概要

　ベクトル量子化は，多次元の領域内の値を伝送符号に対応づける手法であり [2]，次元数，すなわち要素数を増やせば，限りなくレート・歪関数に近い性能の量子化ができることが知られている．すなわち，入力データのサンプル間の線形，非線形の従属性，確率密度関数に起因する冗長性をまとめて除去できるし，次元が高くなることだけでも量子化歪を削減する効果がある．このうち，線形の従属性，すなわち，データの相関の冗長性を除去することは，線形予測や直交変換等の他の手法で代替できるが，その他の効果は他の手法での代替は容易でない．一方，ベクトル量子化を行うためにはあらかじめ符号帳を設計しておく必要があり，また符号化の処理では通常，符号帳の中のすべての再生ベクトルと入力ベクトル間の距離計算が必要となる．したがって，ベクトル当たりのビット数が増えると，符号帳の容量も演算量もともにビット数の指数関数で増大する．また符号誤りによって再生ベクトルのすべての要素が影響を受けるという問題がある．このような実用的な問題に対処するために，用途に合わせて種々の分割手段や構造化が提案されてきた．さらにハードウェアの進歩と低ビット化の要請で MPEG 4 オーディオでも多く使われている．

　また，パラメータのフレーム間予測とベクトル量子化を組み合わせることが可能で，MPEG 4 の HVXC, CELP, TwinVQ の線形予測パラメータ，スペクトル包絡パラメータの量子化に使われている．

・重み付きベクトル量子化

変換符号化では，各変換成分の量子化歪を制御してフレーム全体の歪を最小化する．各成分ごとに量子化するときには量子化歪は成分に対する不均一な情報割り当てによって制御することができる．これを簡単に振り返ってみる．

変換長が N で，変換後の第 i 成分の分散が σ_i^2 で与えられたとき，その成分を b_i ビットで量子化すると，c を定数として，成分ごとの量子化歪は d_i と評価できる．この σ_i^2 ではパワースペクトルに対応する．

$$d_i = c\sigma_i^2 2^{-2b_i} \quad i = 0,\ldots,N-1 \tag{3.97}$$

1 成分（サンプル）当たりの平均情報量を B とすると，

$$B = N^{-1} \sum_{i=0}^{N-1} b_i \tag{3.98}$$

式 (3.98) の条件のもとに，d_i の総和を最小とする b_i の割り当てはラグランジュの未定乗数法で求められる．情報割り当てを行わないときの 1 サンプル当たりの平均歪み D_f は

$$D_f = c2^{-2B} \sum_{i=0}^{N-1} (\sigma_i^2)/N \tag{3.99}$$

になるのに対し，情報割り当てが理想的に行われたときの 1 サンプル当たりの平均歪み D_a は，

$$D_a = c2^{-2B} \prod_{i=0}^{N-1} (\sigma_i^2)^{1/N} \tag{3.100}$$

となる．上記の平均歪みはパワーの相加平均と相乗平均の関係にあり，$D_a \leq D_f$ で，等号は σ_i が i によらず一定のときに成立する．

すなわち，周波数領域のパワーの偏りが大きいときは情報割り当ての効果が大きく，スペクトルが平坦な場合には効果がないことがわかる．そして次の η を変換利得とする．

$$\eta = \frac{D_f}{D_a} = \frac{\sum_{i=0}^{N-1} \sigma_i^2/N}{\prod_{i=0}^{N-1} (\sigma_i^2)^{1/N}} \tag{3.101}$$

これに対し，重み付きベクトル量子化ではサンプルごとに重みの異なる距離尺度で再生ベクトルを選択することで適応情報割り当てと同等の歪削減効

果を得る [3]. すなわち, σ_i^2 をパワースペクトル包絡, x_i を正規化した(周波数領域で平坦化された)入力サンプル, y_i を符号帳の中の正規化された再生ベクトルとしたとき,

$$D = \sum_{i=0}^{N-1} \sigma_i^2 (x_i - y_i)^2 \tag{3.102}$$

を最小とすることを目的とするとき, 同じ評価基準を最小とする符号帳の中の再生ベクトルを選択する. このときの歪の期待値を D_w とする. 1 サンプルごとの歪の正確な制御はできないが, サンプルごとあるいはベクトル全体の歪の期待値を制御できる. この結果, 成分ごとの歪 $\sigma_i^2 (x_i - y_i)^2$ は i によらずほぼ一定となる.

一方, 下記のように重みを無視して i に対して均等な評価基準で y_i の選択を行い, その y_i を式 (3.102) で評価したときの歪を D_e とする.

$$D = \sum_{i=0}^{N-1} (x_i - y_i)^2 \tag{3.103}$$

d_w と d_e の比は以下のように近似でき, 適応ビット割り当ての効果と同じである.

$$\frac{D_e}{D_w} = \frac{\sum_{i=0}^{N-1} \sigma_i^2 / N}{\prod_{i=0}^{N-1} (\sigma_i^2)^{1/N}} \tag{3.104}$$

・次元変換とインターリーブ

HVXC ではパワースペクトルの線形予測で大まかに平坦化されたピークの値のみを量子化するが, ピークの個数はピッチ周期に応じて変動する. このため, 固定の符号帳での量子化を行うために, サンプル数(次元数)の変換を行っている. 具体的には隣合うサンプルの間にはある程度の連続性があるので, サンプル値を補間してなめらかな曲線を作り, 再標本化を行う. 当然, 符号器と復号器では逆の変換を行う.

TwinVQ では量子化する周波数領域のサンプルの個数が 1024 個であるため, ひとつのベクトル量子化では扱えず, 例えば 50 個程度の副ベクトルに分割する必要がある. しかし, 周波数の低いほうからサンプルを一定個数ずつ集めると, 副ベクトルごとのエネルギーの変動が大きくなり, 適応情報配分が必

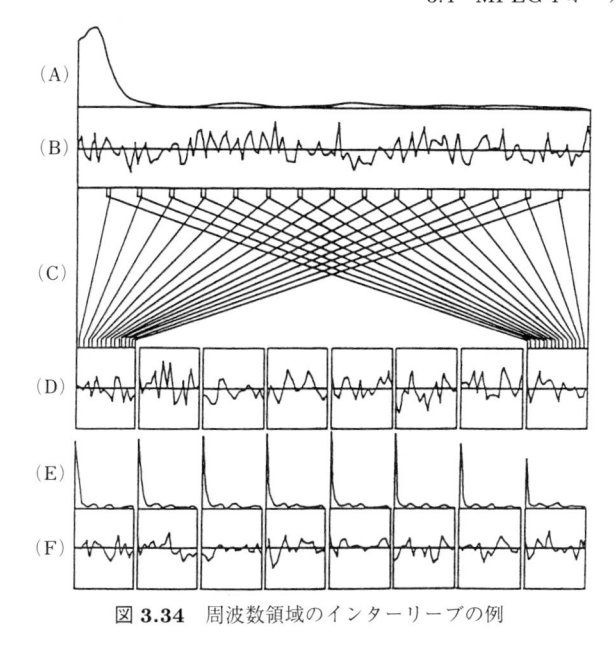

図 **3.34** 周波数領域のインターリーブの例

要となりベクトル量子化と整合が悪くなる．適応情報割り当てをせず，重み付きベクトル量子化の効果を生かすために，図 3.34 のような周波数領域全体からサンプルをインターリーブして副ベクトルを作る必要がある．(A) と (E) は LPC 包絡，(B) と (D) は変換係数，(F) は再生された変換係数である．これにより副ベクトル内の重みの変動は大きくでき，副ベクトルごとの平均エネルギーはほぼ一定にできるためである．

・共役構造ベクトル量子化

多チャネルベクトル量子化は，複数の符号帳のベクトルの和で最終的な再生ベクトルを構成する．k 次元 2 チャネルの場合の歪 d は中間再生ベクトルのサンプル u_j，v_j とそれぞれの極性，p_0，p_1 を使って以下で定義する．

$$d = \sum_{j=0}^{k-1}(x_j - p_0 u_j - p_1 v_j)^2 \tag{3.105}$$

復号器の処理では多段ベクトル量子化と同じになるが，符号器での探索は基本的にすべての組合せの中から最適な組合せを選択する．符号帳（コードブック）も複数のベクトルの和が歪みを最小とするように設計する．特に 2 チャネルの構成は量子化歪み，演算量，メモリ量，符号誤り耐性など現実的な利

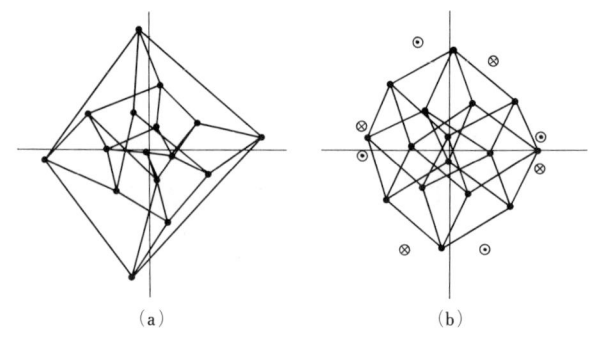

図 3.35 共役構造ベクトル量子化 (a) と通常のベクトル量子化 (b) の再生ベクトルの例，ともに 2 次元指数分布に対する 4 ビットの量子化

点が多く，2 つの符号帳の再生ベクトル（中間再生ベクトル）が複素共役を連想させるため，共役構造ベクトル量子化と呼ばれている [4].

共役構造の量子化は，特に HVXC や TwinVQ などのように周波数領域のサンプルを重み付き尺度で量子化する際に有効である．ベクトルの次元数を大きくすることで一般に量子化歪を小さくできるが，重み付き量子化ではその効果が大きくなるためである．実際，1 チャネルの通常のベクトル量子化を仮定し，ベクトル量子化全体に割り当てるビット数が 2 倍になったとき，周波数方向にベクトル数を増やして次元数を半分にするより，次元数を保って 2 チャネルのベクトル量子化を行うほうが歪を小さくできる．

図 3.35 は各チャネル 2 ビットの再生ベクトルの例で，16 個の最終的な再生ベクトルは ● で，4 個ずつ 2 種類の中間再生ベクトルは ⊗ と ⊙ で表されている．再生ベクトルを結ぶ線は対応する符号語のハミング距離が 1 になる，すなわち符号語の 1 ビットだけが異なる関係同士を結んだものである．この線の長さが長いほど符号誤りによる歪みが大きいことになるが，共役ベクトル量子化は最適量子化と同様に全体をカバーし，同時に符号誤りに強いことがわかる．

3.4.5.3 帯域別処理

・分割の基本

MPEG 4 では低ビットでの品質改善効果のある PNS が追加され，LTP との組合せが可能になっている．また FSS を使って，量子化を階層的に行うことでスケーラブル符号化を実現する．

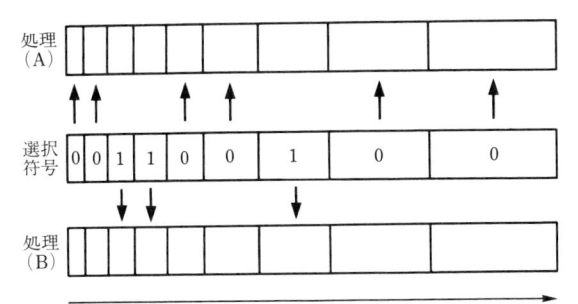

3.4 MPEG 4 オーディオ　139

図 3.36　スケールファクタバンドの選択

表 3.5　選択する処理

	処理 A	処理 B
ステレオ	M/S	L/R
PNS	量子化値	雑音
LTP	予測誤差	予測なし
FSS	下位の誤差を量子化	もとの値を量子化

このようなツールは図 3.36 のように，いずれもバーク尺度に比例するスケールファクタバンドごとに処理を 1 ビットで選択することが特徴である．処理 A 処理 B を表 3.5 に示す．

選択の補助情報は増加するが，それ以上に量子化歪削減効果やフレーム間での滑らかなモードの切り換えが実現できる．これらの考え方は MBE（Multiband Excitation：マルチバンド励振）や MELP（Mixed Excitaion Linear Prediction：混合励振線形予測）といった低ビット音声符号化でも使われている．音声符号化の場合は有声無声の判定を帯域ごとに行うことで自然性を改善できる．

・PNS（Perceptual Nise Substitution）

PNS は AAC のツールであり，指定する帯域範囲内で，MDCT 係数を量子化するのではなくその雑音エネルギーのみを送り，デコーダ側で対応する雑音を挿入するものである．

雑音エネルギーは通常の AAC のスケールファクタの量子化と同じように，DPCM 符号をハフマン符号化する．通常のスカラ量子化か雑音かの選択を帯

域ごとに行う．

　低ビットでは情報が割り当てられないか，少ないビット数になってしまう帯域が多くなるが，この場合エネルギーが 0 または非常に小さくなり，帯域が狭くなってしまう．波形自体はまったく異なっていても同じようなエネルギーがあれば，自然性が改善される場合があり，PNS はこの効果をねらったものである．

　なお，重み付きベクトル量子化では，同じような効果がすでに自動的に組み込まれている．すなわち，小さい重みに対応するサンプルは軽視されるが，サンプルの値は 0 ではないので，復号器では自動的に雑音に置き換えられることと同様の効果がある．

・LTP（Long Term Prediction：長期予測）
　LTP はフレーム間にまたがる MDCT 係数の予測で，MDCT 係数が最も一致する過去との時間差（ピッチ周期）をパラメータとして伝送し，さらに帯域ごとに予測するか（過去の系列の MDCT 係数を引く）否かを決定して伝送情報とする．これにより MDCT 係数の平均振幅を小さくして量子化誤差を小さくする．

　MPEG 2 AAC のメインプロファイルで使われる後方適応予測と違って，ここで使う LTP は予測係数と，時間差（遅延）をパラメータとして伝送する前方適応予測で，音声符号化のピッチ予測と類似している．後方適応予測はパラメータを伝送する必要はないが，符号誤りや演算誤差による符号器と復号器の僅かな違いによる誤差がフレームをまたがって伝搬する問題があった．

　MDCT 係数の包絡は隣接するフレームで類似している場合があるが，係数そのものはフレーム境界との位置関係に依存して，隣接するフレームの係数との位相や極性の関係は単純ではない．したがって MDCT 係数を直接引き算して振幅を小さくすることはできない．このため，現在および過去のフレームの MDCT 係数を一旦時間領域に逆変換し，時間領域で現在のフレームの波形と類似性の高い過去のフレームの波形の時間差と利得を求めて，その時点をフレーム境界とする MDCT 係数を新たに計算する．この MDCT 係数は極性も含めて，現在のフレームの MDCT 係数と類似しているので，利得をかけて現在の MDCT 係数から差し引く．図 3.37 は LTP の復号処理を模式的に表したものである．

　先にも述べたようにこの処理がかえって量子化に不利となる帯域，すなわ

3.4 MPEG 4 オーディオ　141

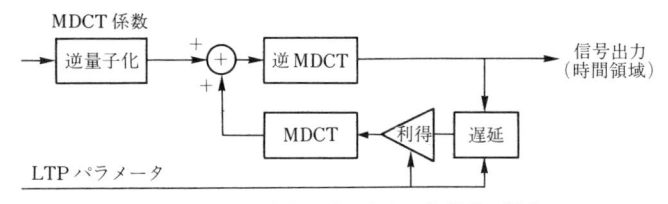

```
MDCT 係数
　　　　　　　　＋
──→ 逆量子化 ─→（＋）─→ 逆 MDCT ────────→ 信号出力
　　　　　　　　－↑　　　　　　　　　　　　　（時間領域）
　　　　　　　　│
　　　　　　　MDCT ←── 利得 ←── 遅延 ←┐
　　　　　　　　　　　　　　　　　　　　│
LTP パラメータ
```

図 3.37 LTP を併用するときの復号器の構成

ち予測誤差のエネルギーがもとの MDCT 係数の場合より大きくなる帯域については，この引き算を行わない．また，大部分の帯域で予測誤差があまり小さくできないときは，1 ビットのみの補助情報を使って LTP をすべて中止する．また TNS と併用する場合は，復号器側では LTP，TNS，逆 MDCT の順に適用する．符号器では逆順になる．AAC スケーラブルオブジェクト，TwinVQ オブジェクトでは短いフレームにも LTP を適用できる．スケーラブル符号化の場合は，初段すなわちベースの量子化のみに適用可能である．

・**FSS（Frequency Selective Switch：周波数選択スイッチ）**

　FSS は，符号器の量子化誤差制御 (diff contril) と組み合わせる AAC のスケーラブル符号化のツールである．スケーラブル符号化では，MDCT 係数を複数の量子化器を従属接続してビット列を作成する．復号器では，初段の量子化器に対応するビット列だけからも信号を再生でき，両方のビット列を組み合わせると，より帯域の広い，歪の少ない再生信号が得られる．符号器の 2 段目以降の量子化器では，通常前段までの量子化誤差を量子化する．ところが，下の階層の量子化に AAC 以外の CELP や TwinVQ の低ビット符号化を使うことができるが，このとき，帯域によってはかえって量子化誤差が増えることがある．

　このため 2 段目以降の量子化を行うとき，下の階層の量子化の量子化誤差を量子化するか，もとの信号を量子化するかを選択することで，2 段目以降の量子化誤差を軽減できる．この帯域ごとの選択を切り換えるのが FSS である．下の階層で量子化をしない帯域に対しては，現在の量子化器はもとの MDCT 係数を量子化するので，FSS の情報は下の階層の量子化対象の帯域のみに適用される．なお，FSS では帯域ごとの 1 ビットの選択情報も 4 次元のハフマン符号を行い，平均符号長を削減している．

　TwinVQ や AAC だけのスケーラブル符号化では FSS は使わない．また復

号器では FSS, ステレオ統合復号化, LTP, TNS, 逆 MDCT の順に適用する. 符号器ではこの逆順になる.

3.4.6 むすび

MPEG 4/オーディオの標準化の基本アルゴリズムとその要素技術を紹介した. 音声符号化, 音響符号化のアルゴリズムは表面的には異なるものであるが, 線形予測, ベクトル量子化, 帯域別処理など共通の技術が巧みに組み合わされていることがわかる.

参考文献

[1] ISO/IEC 14496–3 "Information Technology -Generic Coding of Audio-Visual Objects", 1999

[2] Gersho, A. and Gray, R. M.: *Vector Quantization and Signal Compression*, Kluwe Academic Publisher, Boston, 1992

[3] Moriya, T. and Honda, M. : Transform Coding of Speech Using a Weighted Vector Quantizer, *IEEE Journal of Selected Areas in Communications*, Vol. 6, No. 2, pp. 425 – 431, 1988

[4] Moriya, T. : Two-channel Conjugate Vector Quantizer for Noisy Channel Speech Coding, *IEEE Journal of Selected Areas in Communications*, Vol. 10, No. 5, pp. 866 – 874, 1992

[5] 守谷: 音声符号化 電子情報通信学会, 1998

[6] 守谷: 音声楽音の情報圧縮 *bit*, vol.29, No.1, pp.45–50, 1997

索　引

AAC, 118
AC-3, 118
ACELP, 68, 130
ADPCM, 67
ATM, 2
ATRAC, 119
ATRAC2, 119
ATV, 58

BMA, 28
B ピクチャ, 53

CELP, 129
CIF, 38
CS-ACELP, 68

DCT, 7, 12, 14
DCT の高速演算アルゴリズム, 21
DCT の順変換および逆変換, 15
DPCM, 25

FAP, 65
FDP, 65
FSS, 141

GOB, 38

GOP, 54

Huffman 符号, 30
Huffman 符号化, 32
HVXC, 129

IEC, 45
IP パケット, 2
ISDN, 37
ISO, 45
ITU-T, 37
I ピクチャ, 53

JPEG, 45

Karhunen-Loeve 変換, 12
KLT, 12

LD-CELP, 68
Lee のアルゴリズム, 21
LFE, 111
LTP, 131, 140
LZ77, 33
LZ78, 34
LZ 方式, 32

MB, 38
MBE, 139
MDCT, 102, 103, 119
MELP, 139
MIME, 35
MLT, 72
MP-MLQ, 68
MPE, 130
MPEG, 51
MPEG 1, 51, 97, 104
MPEG 2, 54
MPEG 2/AAC, 97
MPEG 2/BC, 97
MPEG 4, 61
MPEG オーディオ, 98
MS ステレオ, 110

OBMC, 64

PCM, 67
PNS, 139
PRA, 28
P ピクチャ, 53

QCIF, 38
QMF, 99
QMF フィルタバンク, 99, 100
QoS, 4

RM, 53
RPE, 130

SIF, 53
SNR, 55
SSR, 118
SSR プロファイル, 113

TCP/IP, 1
TDAC, 103
TNS, 113, 125, 131
TwinVQ, 119, 131

VO, 63
VOP, 63
VQ, 26

Wavelett 符号化, 65

■ア

アタック, 102, 109
アルファデータ, 65
アンシラリデータ, 98, 112

一様量子化器, 9
インターネット, 1
インテンシティステレオ, 110

動き補償, 7, 28

エントロピー符号化, 7, 29
エンベデッド ADPCM, 70
エンベデッド符号化, 127

オーバラップ, 103
折り返し歪, 108
折り返し歪除去, 109

■カ

回線交換網, 2
階層型 VQ, 27
階層符号化モード, 51
可逆符号化, 113
画素漸化型アルゴリズム, 28
可変長符号化, 108

木構造フィルタバンク, 99
木探索 VQ, 27
基本ステレオ情報, 112
共通テキスト, 46
局間伝送, 115
極大値置換可逆符号化, 114
共役構造ベクトル量子化, 137

ゲインコントロール, 123

索　引　145

後方互換性, 112
互換性, 112
国際電気通信連合・電気通信部門, 37
国際電気標準会議, 45
国際標準化機関, 45
コードブック探索, 79
固有値問題, 13
コンバインドステレオ, 110

■サ
サービス品質, 4
サブバンド符号化, 27, 99
サブバンド分析, 106
サラウンド, 111
サラウンドチャネル, 111

シーケンシャル符号化モード, 46
主観音質評価, 114
主観評価, 114
準一様量子化器, 9
純音成分, 107
ジョイントステレオ, 110
情報圧縮, 4
情報圧縮処理の基本モデル, 6
情報源符号化方式, 40
ショートブロック, 109
信号対マスク比, 107
シンプルプロファイル, 113
心理聴覚エントロピー, 108, 109
心理聴覚重み付け, 103
心理聴覚特性, 103
心理聴覚分析, 106

スケーラビリティ, 127
スケールファクタ, 105, 107
スケールファクタ選択情報, 106
ステレオ符号化, 110
スペクトルライン, 108

絶対可聴しきい値, 103

線形予測分析, 114
先行雑音, 101
センターチャネル, 111
前方互換性, 112

総合ディジタルサービス網, 37
相対可聴しきい値, 103
双方向動き補償, 53

■タ
帯域分割, 99
帯域保証ネットワーク, 2
代数励振, 84, 91
ダイナミックレンジ, 105
多次元 DCT, 21
多段 VQ, 27

蓄積交換型のネットワーク, 2
チャネル間適応予測, 111
聴覚重み付け, 76, 89
直交鏡像フィルタ, 99

低域強調チャネル, 111
低サンプリング周波数アルゴリズム, 111
適応ブロック長, 101
適応ブロック長 MDCT, 108
適応変換符号化, 99
適応予測器, 114
ディジタル信号処理理論, 1
データ圧縮, 32

等価原音品質, 116
動画像符号化専門家会合, 51
同期語, 107

■ナ
二次元 Huffman 符号, 30

■ハ
ハイブリッドフィルタバンク, 108, 109
ハイブリッド窓, 76
バケツリレー式, 2

146　索　引

バタフライ, 108
バタフライ回路, 109
ハフマン符号化, 108
ハフマン符号表, 114

非一様量子化器, 9
ビジュアルパート, 62
非純音成分, 107
非線形量子化, 108
ビットストリーム作成, 107
ビット保存, 110
ビデオ符号化アルゴリズム, 51, 55

プリエコー, 101, 109, 122
フレーム消失補償, 94
プログレッシブ符号化モード, 49
ブロックスイッチング, 122
ブロック長選択, 109
ブロック歪, 102
プロファイル構造, 113

ベクトル量子化, 26
ベストエフォート・ネットワーク, 2
変換符号化, 11, 100
変形離散コサイン変換, 102, 103

ポストフィルタ, 82
補正可聴しきい値, 103
ポリフェーズフィルタバンク, 99

■マ
マスカー, 103
マスキング, 103, 106
マスキング曲線, 104

窓関数, 109
窓関数の形状, 109
マルチチャネルフォーマット, 111
マルチチャネル／マルチ言語アルゴリズム, 111
ミッドトレッダ型, 9
ミッドライザ型, 9
メインプロファイル, 112
メッシュ符号化, 65

■ヤ
予測, 113
予測器, 123
予測不可能性, 108, 109
予測符号化, 25

■ラ
ラグランジュ乗算子, 13

離散コサイン変換, 7
利得調整, 114
量子化, 8, 107
量子化器, 9

レイヤ I, 105
レイヤ II, 105
レイヤ III, 107
レイヤード符号化, 127
レビンソンダービン再帰法, 78

ロスレス符号化モード, 50
ロングブロック, 109

執筆者一覧（執筆セクション）

藤原　洋（Part1，Part2）　　　㈱インターネット総合研究所

林　伸二（Part3.1）　　　　　NTT サイバースペース研究所

杉山　昭彦（Part3.2）　　　　日本電気㈱ C&C メディア研究所

及川　芳明（Part3.3）　　　　ソニー㈱メディアプロセシング研究所

守谷　健弘（Part3.4）　　　　NTT サイバースペース研究所

〈編者紹介〉

藤原　　洋（ふじわら　ひろし）
1977年　京都大学理学部卒業
現　在　㈱インターネット総合研究所代表取締役所長
　　　　工学博士

インターネット時代の数学シリーズ　5 （全10巻） **マルチメディア情報圧縮** 2000年3月1日　初版1刷発行 検印廃止 NDC 410, 421.4 ISBN 4-320-01644-0	編　者　藤原　　洋　　© 2000 発行者　南條光章 発　行　**共立出版株式会社** 東京都文京区小日向4丁目6番19号 電話 東京（03）3947-2511（代表） 郵便番号 112-8700 振替口座 00110-2-57035番 http://www.kyoritsu-pub.co.jp/ 印　刷　啓文堂 製　本　協栄製本 　　　　　社団法人 　　　　　自然科学書協会 　　　　　会員 Printed in Japan

■計算機・情報関連書より　http://www.kyoritsu-pub.co.jp　共立出版

認証取得企業のISO9000活用ハンドブック	横山吉男著	A5・352頁
FACTOR/AIMによる 生産・物流シミュレーション入門	福田好朗他訳	A5・150頁
ソフトウェア開発の定量化手法 第2版	鶴保征城他監訳	菊・446頁
ソフトウェア技術者のためのプロジェクト管理の成功へ	古宮誠一他監訳	A5・336頁
プロジェクトの見積りと管理のポイント	研野和人訳	A5・294頁
ソフトウェア病理学	島崎恭一他訳	B5・656頁
要求定義工学入門	富野壽監訳	A5・232頁
ソフトウェアの成功と失敗	伊土誠一他訳	A5・336頁
ソフトウェア品質のガイドライン	富野壽監訳	A5・408頁
パーソナルソフトウェアプロセス技法	ソフトウェア品質経営研究会訳	B5・536頁
Visual SLAMによる システムシミュレーション	森戸晋他著	A5・350頁
入門 システムアドミニストレータ	木村宏一著	B5・198頁
意思決定支援とグループウェア	宇井徹雄著	A5・160頁
経営情報システム	杉原敏夫他著	A5・264頁
新時代を生き抜く SEの知恵袋	妹尾穣編著	A5・192頁
上級SEになるための50のポイント	戸田忠良著	A5・224頁
システム開発管理の実践的チェックポイント	戸田忠良著	A5・190頁
SEへの入門 システム設計 第2版	木村宏一著	B5・162頁
SEのための図解システム設計の基礎 第2版	加藤英雄著	B5・198頁
SEのための実践システム設計	加藤英雄著	B5・280頁
3層クライアント/サーバ設計技法	石井孝監修	B5・170頁
3層クライアント/サーバ 要件定義技法	石井孝監修	B5・144頁
ドメイン分析・モデリング	伊藤潔他編著	A5・240頁
モデルシミュレーション技法	有澤誠他著	A5・176頁
データマイニング	P.Adriaanz他著	A5・210頁
データマイニング事例集	上田太一郎著	B5・206頁
データマイニング実践集	上田太一郎著	B5・180頁
はやわかり MATLAB	ヴァイアンクール他著	A5・220頁
リスク管理の秘訣	若部一鷹他著	B6・246頁
リスク分析・シミュレーション入門	服部正太他訳	菊判・400頁
情報通信英語	三島浩著	A5・160頁
インターネット英語の読み方&書き方&調べ方	安藤進著	A5・208頁
インターネット縦横無尽	後藤滋樹他訳	A5・272頁
インターネット用語集	村井純他監修	四六変・136頁
はやわかり インターネット	石田晴久著	A5・140頁
E-メールハンドブック	安藤進著	B6・144頁
1日で解るHTML	桑原恒夫他著	B5・168頁
HTML詳説	井上昌之編著	A5・160頁
TCP/IPとソケット	南山智之他著	A5・228頁
はやわかり TCP/IP	後藤滋樹他訳	A5・128頁
第3版 TCP/IPによるネットワーク構築 Vol.I	村井純他訳	B5・488頁
TCP/IPによるネットワーク構築 Vol.II	村井純他訳	B5・484頁
TCP/IPによるネットワーク構築 Vol.III	村井純他訳	B5・452頁
図解 情報通信ネットワークの基礎	田村武志著	A5・248頁
はじめてのネットワーク	岡本茂編著	A5・134頁
ネットワーク事例集	高田伸彦他著	B5・248頁
Windows+ネットワーク	雄山真弓他著	B5・184頁
コンピュータ通信とネットワーク 第4版	福永邦雄他著	A5・304頁
通信プログラム入門	南山智之他著	A5・216頁
ペトリネットの基礎	奥川峻史著	A5・160頁
マルチメディア検定 基礎	長江貞彦編著	A5・230頁
CG検定基礎 コンピュータグラフィックス	長江貞彦編	A5・170頁
CAEのための 数値図形処理	金元敏明著	A5・232頁
コンピュータ図形処理の基礎	丸谷洋二著	A5・168頁
3次元ビジョン	徐剛他著	A5・200頁
3次元図形処理工学	黒瀬能聿著	B5・144頁
徹底攻略 CG検定3級	小堀研一他著	A5・192頁
認知科学ハンドブック	安西祐一郎他編	A5・774頁
認知発達と生得性	J.L.エルマン他著	B5・350頁
エージェントアプローチ 人工知能	古川康一監訳	B5・976頁